U0352675

AN ENCYCLOPEDIA OF

Fondent

翻糖装饰新食典

主编/王森

青岛出版社 QINGDAO PUBLISHING HOUSE | 国家一级出版社 全国百佳图书出版单位

图书在版编目（CIP）数据

翻糖装饰新食典 / 王森主编. -- 青岛：青岛出版社, 2015.4
ISBN 978-7-5552-1857-9

Ⅰ. ①翻… Ⅱ. ①王… Ⅲ. ①烘焙 – 糕点加工 Ⅳ.①TS213.2

中国版本图书馆CIP数据核字(2015)第073106号

翻糖装饰新食典

组织编写	美食生活工作室
主　　编	王　森
副 主 编	张婷婷
参编人员	顾必清　韩　磊　苏　园　乔金波　武　文　杨　玲　武　磊
	成　圳　王启路　李怀松　孙安廷　韩俊堂　朋福东
文字校对	邹　凡
摄　　影	苏　君
出版发行	青岛出版社
社　　址	青岛市海尔路182号（266061）
本社网址	http://www.qdpub.com
邮购电话	13335059110　0532-85814750（传真）　0532-68068026
策划组稿	周鸿媛
责任编辑	肖　雷
特约编辑	宋总业
装帧设计	毕晓郁
制　　版	青岛艺鑫制版印刷有限公司
印　　刷	荣成三星印刷有限公司
出版日期	2015年6月第1版　2015年6月第1次印刷
开　　本	16开（710毫米×1010毫米）
印　　张	20
书　　号	ISBN 978-7-5552-1857-9
定　　价	49.80元

编校质量、盗版监督服务电话　4006532017

（青岛版图书售出后如发现印装质量问题，请寄回青岛出版社出版印务部调换。电话：0532-68068638）

本书建议陈列类别：美食类　生活类

　　随着我们的生活品质日益提升，饼干、蛋糕等烘焙食品，逐渐成为快节奏生活的主角，无论是餐前小点，还是宝贝零食都能见到它们的身影。然而市场上出售的饼干、蛋糕，在食材健康、造型多样化以及口味个性化方面已经逐渐不能满足大家的要求。手工烘焙已经被越来越多的朋友接受，大家也都能够做出多种美味的烘焙食品，但在造型方面，还显得比较幼稚、简陋。

　　翻糖装饰能够帮助大家解决这一问题，提升手工烘焙的品味。翻糖是源自欧洲、风靡全世界的一种食品装饰艺术。翻糖有极佳的延展性，适用于各种烘焙食品的装饰。本书介绍了200余款各种翻糖造型装饰。从食品类别上划分，有饼干、公仔捏塑、杯子蛋糕以及艺术蛋糕4个大类。从造型类别上划分，有平面装饰和立体装饰。每一款都配备有详细的步骤图，还有精美的成品大图。保证让您的每一款作品都既有实用性，又有艺术观赏性。

　　我们都是热爱美食的吃货，我们也都是对美孜孜追求的鉴赏家。在享受美味的同时，我们希望能与更多志同道合的朋友共同进步，打造出更多完美的作品，为我们的生活增光添彩。

亚洲烘焙大师　王森

王森，西式糕点技术研发者，立志让更多的人学会西点这项手艺。作为中国第一家专业西点学校的创办人，他将西点技术最大化的运用到了市场。他把电影《查理与巧克力梦工厂》的场景用巧克力真实地表现，他可以用面包做出巴黎埃菲尔铁塔，他可以用糖果再现影视中的主角的形象，他开创了世界上首个面包音乐剧场，他是中国首个西点、糖果时装发布会的设计者。他让西点不仅停留在吃的层面，而且把西点提升到了欣赏及收藏的更高层次。

他已从事西点技术研发20年，培养了数万名学员，这些学员来自亚洲各地。自2000年创立王森西点学校以来，他和他的团队致力于传播西点技术，帮助更多人认识西点，寻找制作西点的乐趣，从而获得幸福。作为西点研发专家，他在青岛出版社出版了"妈妈手工坊"系列、"手工烘焙坊"系列、《炫酷冰饮·冰点·冰激凌》《浓情蜜意花式咖啡》《蛋糕裱花大全》《面包大全》《蛋糕大全》等几十本专业书籍及光盘。他善于创意，才思敏捷，设计并创造了中国第一个巧克力梦公园，这个创意让更多的家庭爱好者认识到了西点的无限魔力。

顾必清、韩磊：高级蛋糕设计师，多次获得国际蛋糕比赛金奖，出版图书20余本。传课授业，深受学生喜爱；醉心研发，在业内广受好评；以满满的生活热情去创造美丽的翻糖蛋糕，不懈努力，走在了技术与时尚的最前沿。

顾必清

目 contents 录

翻糖艺术 必修课
CHAPTER 1

翻糖饼干
CHAPTER 2

动漫经典

翻糖公仔 CHAPTER 3

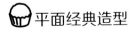 平面经典造型

立体可爱造型

翻糖纸杯蛋糕
CHAPTER 4

🧁蛋白霜杯子蛋糕

🧁翻糖捏塑杯子蛋糕

翻糖装饰蛋糕
CHAPTER 5

纯真少女

奢华盛宴

CHAPTER 1

翻糖艺术必修课

翻糖蛋糕凭借其豪华精美以及别具一格的时尚元素，广泛应用于纪念日、生日、庆典，甚至是朋友之间的礼品互赠！想在亲友间露一手吗？先学习这一堂翻糖装饰艺术必修课。

一

翻糖概述

翻糖音译自fondant，常用于蛋糕和西点的表面装饰。是一种工艺性很强的蛋糕。它不同于我们平时所吃的起司或奶油蛋糕，而是以翻糖为主要材料来代替常见的鲜奶油，覆盖在蛋糕体上，再以各种糖塑的花朵、动物等作装饰，做出来的蛋糕如同装饰品一般精致、华丽。因为它比鲜奶油装饰的蛋糕保存时间长，而且漂亮，立体，容易成形，在造型上发挥空间比较大，所以是国外最流行的一种蛋糕，也是婚礼时最常使用的蛋糕。

由于翻糖蛋糕用料以及制作工艺的与众不同，其可塑性是普通的鲜奶油蛋糕所无法比拟的。可以说，所有你能想象到和不能想象到的立体造型，都能通过翻糖工艺在蛋糕上一一实现。

翻糖蛋糕(Fondant Cakes)源自于英国的艺术蛋糕，现在是美国人极喜爱的蛋糕装饰手法！延展性极佳的翻糖(Fondant)可以塑造出各式各样的造型，并将精细特色完美地展现出来，造型的艺术性无可比拟，充分体现了个性与艺术的完美结合。翻糖蛋糕凭借其豪华精美以及别具一格的时尚元素，除了被用于婚宴，还被广泛使用于纪念日、生日、庆典，甚至是朋友之间的礼品互赠！不管是翻糖大蛋糕，还是翻糖纸杯蛋糕，都很吸引人们的眼球。18世纪，人们开始在蛋糕内加上野果，也开始在蛋糕表面上抹一层糖霜（Royal icing），以增加蛋糕的风味。20世纪20年代，欧洲开始以三层结婚蛋糕为主流。最下层用来招待婚礼宾客使用，中间分送宾客带回家，最上层则是保留到孩子的洗礼仪式后再使用。20世纪70年代，澳大利亚人发明了糖皮（Sugar Paste），英国人引进后加以发扬光大，但当时这种蛋糕只是在王室的婚礼上才能见到，因此也被视为贵族的象征。后来，英国利用这些材料制作出各种花卉、动物、人物，将精美的手工装饰放在蛋糕上，赋予蛋糕特别的意义和生命。

二
翻糖工具
及原料

★ 制作翻糖的基本工具

1.防粘擀面杖

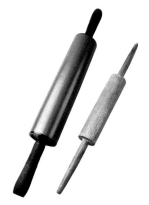

塑料、木质擀面杖

防粘擀面杖常用的有塑料和木质两种，从6寸到20寸不等。做翻糖至少要准备两根，一根比较长的用来擀糖皮，一根比较短的用来擀做糖花用的干佩斯。

印花擀面杖

因其表面有凹凸纹理所以擀糖皮时就会有这种纹理。印花擀面杖的种类、样式和尺寸都很多。一般来说，花纹突出的擀面杖比较好。

2.打磨板

打磨板是用来打磨糖皮的，通常需准备一只圆头的，一只方形的，打磨的时候，一手拿一个，配合使用。

3.一套捏塑工具

用它来做翻糖造型、糖花都可以，型号大、中、小号最好都能备齐。

4.泡沫蛋糕假体

一般用于做蛋糕陈列品，泡沫要选用高密度的，厚度在10厘米较好，这个泡沫假体也可用来晾干糖花

5.蛋糕托盘

纸质的蛋糕托盘最常用，也可用瓷盘来体现档次，也有的是将KT板裁切成托盘。

6.裱花袋

用来挤翻糖膏时用。

7.干燥剂

用来防潮，放在做好的翻糖蛋糕密封罩里，当蓝色变为透明色时表明干燥剂里已吸了潮气，此时就要重新换上新的干燥剂，受潮的干燥剂经烘烤水分蒸发后还可以再用两次。

8.糖花工具套装

花朵切模有不锈钢的和塑料的两种。选择压模的边口越薄越锋利越好，这样切出的花瓣边口整齐光滑，海绵垫主要用来压花瓣弧度。

9.丝带

用来装饰翻糖蛋糕的边。

10.花蕊

花蕊可以自己做，也可以买成品，在卖假花的市场可以买到。

11.铁丝

铁丝主要用来做花瓣的支撑及绑花瓣用的。它们从18号到30多号不等，各种尺寸、粗细，使用范围非常广泛。

12.美工刀及刀片

美工刀主要用来做糖花和翻糖造型，刀片要选择锋利的，这样切口就没有毛边。

13.镊子、毛笔

毛笔用来画小花朵，镊子粘一些小东西的时候用。

14.金丝扣

装饰蛋糕时用，与裱花袋同时使用，用来绑紧裱花袋的袋口，防止材料从袋子尾部流出。

15.喷枪

有低压、高压两种，低压喷枪较适合初学者，高压喷枪因为要调压，新手很难掌握好气流。使用时先在喷笔里加入水再加色素，把喷嘴堵住，先让色素与水和匀再开始喷色。先在纸上试喷，出来没有溅点、气流顺畅时再开始喷在蛋糕上。

16.切条器

一般适用于做蝴蝶结及蛋糕花边。

17.蕾丝套装

做蕾丝的工具、材料有硅胶垫（Sugarveil Mat）、刮板（Sugarveil Spreader）、蕾丝粉（Sugarveil Icin克）。

这套装是不可代替的。例如，蕾丝粉配方复杂，做起来费时费力，而市售的蕾丝粉一小包就能用很久。另外，大刮板也不能用抹刀代替，因为抹刀轻，而且覆盖面小，刮的过程中容易出现不均匀现象。

18.花夹

主要用来在翻糖蛋糕上夹出各种花纹，是一种很实用的装饰工具。

19.压模

主要用来压制各种造型。

★ 制作翻糖的基本原料

1.软质翻糖

翻糖糖膏/糖皮（Fondant/Sugar Paste）。这种翻糖价格比较便宜，质地比较柔软，一般用来做覆盖蛋糕的糖皮。

2.硬质翻糖

糖花专用翻糖（干佩斯）（Gum paste/Flower paste）。干佩斯（Gum paste）是糖面的一种，但是质地与翻糖不同，能够做出比较细致的糖花，风干后有点像瓷器，触感脆硬且易碎，干佩斯风干的速度比翻糖还要快，因此制作糖花的速度也要相对的快一些。所有尚未使用的干佩斯材料必须注意密封保存以免风干变硬，在蛋白糖霜里加入增稠剂，使糖霜结成面团状，就是用来制作糖花。常用的干佩斯因为含有蛋白，所以分开速度很快，制作糖花时可以快速定型，操作上比较节约时间，对新手来说，这种快干特性可能会造成整型难度，需要多练习才能抓住要领，有些地方能买到现成的预拌粉，只要按照包装上的说明，加水搓揉成团即可，使用上以新鲜蛋白打发的糖霜调制的干佩斯更富延展性，不过风干速度相对更快，新手应斟酌使用。

3.塑性翻糖/造型翻糖(Modeling Paste)

结实、稍微有弹性，干得比较快，干燥后的成品非常坚硬牢固，常用来制作各种小动物、人物、器具的造型。造型翻糖放入开水后搅拌成浓稠液体，也可以做翻糖粘合剂胶水使用。

4.白奶油糖霜

可以在家里自己制作。主要用来蛋糕裱花，比鲜奶油花坚固，保存时间长。当然，其观赏价值大于其食用价值。

5.蛋白糖霜

立体吊线、平面吊线、浮雕吊线，翻糖饼干，也可作为翻糖蛋糕中的粘合剂用。

以上做翻糖蛋糕的五种材料成分配方各不相同，但对于我们来说，表现出来的区别其实就是软硬程度、延展性以及成型后的坚固程度不同。每一种翻糖都有各自的不同配方，可以自己购买材料制作，也可以购买现成的翻糖。

6.金属粉

金属粉是一种食用色粉，主要用来表现蛋糕的金属色。也有珍珠粉和银粉等。

7.色粉

主要用毛笔蘸上色粉给做好的糖花上色，可以达到逼真的效果。

色粉有很多种。比如Wilton、Americolor、sugarflair、Squires Kitchen等英美的品牌。使用色粉时，要仔细阅读包装上的使用说明。有很多色素是不能食用的，因此，不可以直接接触蛋糕。

8.色膏

色膏是食用色素的一种，色素有液体状，有膏状，还有粉状。液体状用在鲜奶油中为主，色膏用在翻糖中较多，色粉有时也会调水后加入翻糖中，但更多是用在花卉刷色上。使用时只要把色膏放在糖团里揉匀即可。

三 翻糖面团的制作

★ 翻糖糖膏配方

无味明胶粉9克、冷水57克（浸泡明胶用）、柠檬汁1小勺（增白去腥）、玉米糖浆168克、甘油14克（保湿作用）、太古糖粉907克、白色植物起酥油2.5克（防粘用）

将无味明胶粉用冷水浸泡至膨松状。

将其隔热水融化成透明液体。

加入柠檬汁，搅拌均匀；再加入玉米糖浆，拌匀；然后加入甘油，搅拌均匀；最后再次隔水加热，搅拌成较稀的液体（勺子舀起来液体流下呈直线，碗底没有颗粒物）。

取一个容器，加入过筛的糖粉约680克（余下的糖粉放在操作台上揉面时用）。

在糖粉中间挖一个井，然后倒入调好的混合液，用勺子或木铲先搅拌，使其变黏性状的混合物后，再把面团从盆中取出放在撒了糖粉的操作台上。

边揉边分次放入操作台上剩余糖粉。将其揉成一个光滑、柔软的面团，在手掌搓上白色酥油，揉入其中，使其黏性消除。用保鲜膜紧紧包裹住翻糖，装入密封袋或盒里，放入冰箱，可保存两个月。注意：翻糖放置24小时后用是最佳状态。

干佩斯制作

配方：454克翻糖，3克泰勒粉，2.5毫升白油

制作方法：混合揉匀即成。

特点：价格稍贵，质地稍硬，容易造型，适合制作精致花卉。

翻糖如何上色

翻糖上色要用专用的翻糖色素，用的比较多、在国内也比较容易买到的是Wilton 和Americolor的蛋糕色素。Wilton是膏状的，Americolor比较水一些，根据个人喜好选择就行了。

给翻糖上色一般有两种方法：

一种是将翻糖色素加在白色翻糖中调配出需要的颜色；

另一种方法是，现在有已经染好色的翻糖出售，但可能不是你需要的颜色，那么可以取一小块染色翻糖揉成圆球，再取一大块白色翻糖揉成圆球，然后将两者混合揉匀即可。

因为染好颜色的翻糖在国内不是很容易买到，所以我们一般采用第一种方法。但是如果要染色的翻糖分量比较大，要整块均匀染色很费力，那么也可以先取约掌心大小的一小团，把小团的翻糖先染色均匀(比想要的颜色略深)，然后再把这小团翻糖揉进剩下的翻糖里，搓揉均匀即可，这样可以比较省力。

这里需要提醒一点的是，翻糖里添加的色素越多，翻糖的弹性就越差，所以如果需要把翻糖染成很深的颜色，最好直接采用深色的色素，或者在整形完成之后，再把色素调入食用酒精，在表面湿刷上色。

挑选色素颜色的时候，如果预算有限，那么可以选几个基础颜色，比如红、黄、蓝等，然后自己调配其他颜色。如果某些颜色经常要使用，为了避免每次调配出的颜色不同，也可以买现成的。另外，一些深色的色素也必须要配备，比如黑色、咖啡色等，因为这些都很难用其他颜色调配出来。

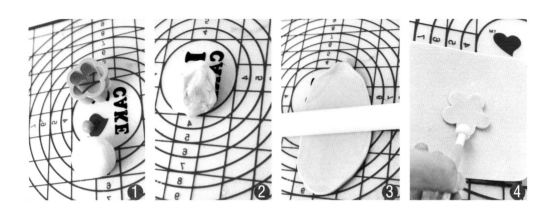

翻糖饼干

动漫经典，寻找童年的乐趣。粉色派对，女生的最爱。超萌小物装饰浪漫生活。可爱动物是我们的好朋友。欧韵风情，来自异域的诱惑。

一
饼干面团
配方

饼干面团配方多种多样，基础原料就是面粉、黄油和鸡蛋。有了这3种原料，再搭配各种口味的配料，就可以做出种类繁多的各式饼干。

配方一

		准备工作：
黄油（奶油）	100克	·将黄油与蛋从冰箱取出恢复室温。
糖粉	80克	·低筋面粉过筛。
蛋液	30克	·烤箱预热到180℃。
香草粉	少许	·在烤盘中铺上烤纸。
低筋面粉	200克	

❶ 将所有的原料称好，备用。

❷ 把黄油放入搅拌盆中，用打蛋器搅拌混合成柔软的乳汁状。

❸ 把糖粉分2次加入搅拌盆中，每次加入都搅拌混合到发白。

❹ 将蛋液分2次加入搅拌盆中，每次加入都搅拌均匀。

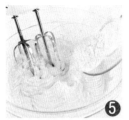

❺ 再把香草粉一次性加入搅拌盆中，搅至均匀。

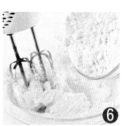

❻ 把筛过的低筋面粉加入搅拌盆中，搅至均匀。

❼ 用橡皮刮刀从盆底刮起，边切边搅拌混合。

❽ 面团搅拌均匀后，用保鲜膜包起放入冰箱冷藏30分钟以上，使其松弛即可。

配方二

酥油	150克	杏仁粉	60克
糖粉	100克	低筋面粉	200克
蛋黄	20克	牛奶	50克
奶粉	20克	香葱碎	5克
香草粉	3克		

① 把酥油放入搅拌盆中，用打蛋器搅拌混合成柔软的乳汁状。

② 把糖粉分2次加入搅拌盆中，每次加入都搅拌混合到发白。

③ 将蛋液分2次加入搅拌盆中，每次加入都搅拌均匀。

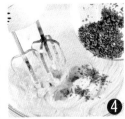

④ 将称好的香葱碎加入搅拌盆中。

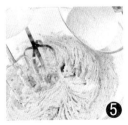

⑤ 把奶粉加入搅拌盆中，搅拌均匀。

⑥ 把杏仁粉加入盆中搅拌均匀。

⑦ 把牛奶加入盆中搅拌均匀，使面糊较软。

⑧ 再将香草粉加入盆中搅拌均匀。

⑨ 加入配方中一半的低筋面粉，搅拌均匀。

⑩ 最后用刮刀将剩余的低筋面粉一起和匀，揉成团。

TIPS

· 香草粉只为提升饼干的香味，不用也可。
· 糖粉不可用绵白糖代替，否则烤出的饼干易塌陷。

细裱花袋主要用来在造型表面画图案，裱花袋口径大小不一，细裱花袋挤出来的线条很细。

★ 方法一

❶ 将三角的最长一面摆放在正面位置。

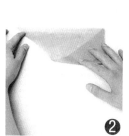
❷ 将右侧的一角折叠在上尖角位置。

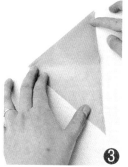
❸ 将左侧的一角折叠到右侧上，尖头密封。

❹ 用手拿起细裱纸后整形，尖头密封。

❺ 用手将开口处的接口位置折叠。

❻ 将封口处用剪刀剪出岔口。

❼ 将岔口处向后折叠，起到牢固的作用。

❽ 装进蛋白霜后将开口处相互折叠出三角，压紧。

将小三角向下折叠，压紧后握在手心中即可细裱。

⑨

⭐ **方法二**

❶

将蛋白霜放置细裱纸的一侧位置，蛋白摆放呈椭圆形。

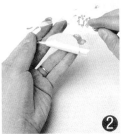

❷

拿起细裱纸一个角折叠在右侧一角的二分之一位置，蛋白霜裹在细裱纸内不易外漏。

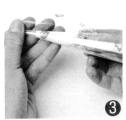

❸

左手捏住尖头处，右手一直折叠。

❹

将细裱纸的开口处折叠后捏紧。

❺

用金丝扣将捏紧的开口处位置扎紧。

❻

左手捏紧金丝扣，右手转动即可细裱。

三
翻糖饼干的装饰手法

翻糖饼干有以下装饰手法：

❶

彩绘：在晾干的蛋白霜表面彩绘出图案。

❷

掉线花边：用中性蛋白霜在饼干表面挤出粗细不一的线条，用中性蛋白霜勾出网格线条。

❸

混色拉花：将不同颜色挤在一个轮廓中，用彩针拉出层次线条。

❹

刷色：在表面蛋白霜晾干后，用色粉刷出颜色渐变。

❺

轮廓线条：用中性蛋白霜在饼干表面勾出轮廓线条。

❻

填色：将软质蛋白霜挤在轮廓线条内。

❼

刷画：用中性蛋白霜挤出花瓣轮廓线条，用毛笔刷出花瓣（由厚到薄）。

翻糖饼干的保存与包装要特别注意防潮。

将饼干密封好。

将饼干密封干燥。

饼干保存：阴凉干燥、密封处保存。

蛋白霜原料的保存：夏天冷藏，冬天常温保存即可。

蛋白饼干的保存：密封干燥（可加干燥剂）保存。

TIPS

关于纸模的注意事项

· 制作饼干造型需要使用纸模。请参照每页作品所需要的相应纸模来使用。

· 有姿态动作的动物和人偶，沿着轮廓边缘线条裁片，去掉边角后就可以烘烤。

· 将饼干面皮冷冻后裁片，不易变形。

关于运用蛋白霜的注意事项

· 蛋白霜轮廓线条勾在饼干内侧。

· 饼干表面有黑色蛋白霜装饰的，请晾干后再装饰，因为黑色容易染色。

· 填充蛋白霜要饱满，不宜压过轮廓线条。

· 隔夜蛋白霜需调制搅拌后再使用。

动漫经典

海军米奇
Haijun Miqi

难易度
Nan Yi Du
★★★

制作过程

1. 将饼干底和调好色的蛋白霜备好。

2. 用中性蓝、黑色蛋白霜分别挤出图案线条轮廓。

3. 用蓝色蛋白霜挤在相应的轮廓线中。

4. 用软质白、红蛋白霜挤在相应的轮廓中。

5. 在表面蛋白风干后，用红色蛋白挤出米奇的图案。

6. 用白色中性蛋白霜在饼干表面细裱出高光线条。

7. 用黑色中性蛋白霜细裱出米奇五官，用白色蛋白霜将米奇眼睛的高光亮点细裱好。

8. 最后用白色中性蛋白霜将饼干表面细裱出高光线条。

情侣米奇

Qinglo Miqi

难易度
Nan Yi Du
★★★

 ①

事先备好饼干和调好颜色的蛋白霜。

 ②

用黑色蛋白霜将米奇的轮廓勾画好。

 ③

用黑色蛋白霜挤在米奇头部。

④

用肉色蛋白霜挤在米奇的脸部。

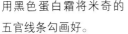 ⑤

用黑色蛋白霜将米奇的五官线条勾画好。

 ⑥

用白色蛋白霜挤在米奇的眼眶中。

 ⑦

用黑色蛋白霜将黑色眼球点画好。

 ⑧

用白色蛋白霜将米奇的高光线条与眼球细裱好。

31

兔宝贝

Tubaobei

制作过程

1. 事先备好饼干和调好颜色的蛋白霜。

2. 用黑色中性蛋白霜围绕饼干边缘挤出轮廓线条。

3. 分别用白色和粉色软质蛋白霜挤在相应的轮廓线中。

4. 将咖啡色软质蛋白霜挤在鞋子的轮廓线中，用黄色软质蛋白霜挤在相应轮廓线中。

5. 待表面晾干后，用黑色中性蛋白霜挤出眼球。

6. 用黄色软质蛋白霜挤在轮廓线中。

7. 用黄色中性蛋白霜挤出衣服纽扣。

8. 用白色中性蛋白霜在黑色眼球上挤出小高光点。

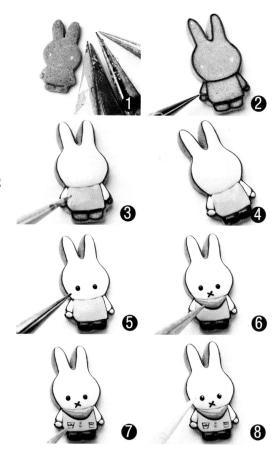

Kitty猫

Kitty Mao

难易度 Nan Yi Du ★★★

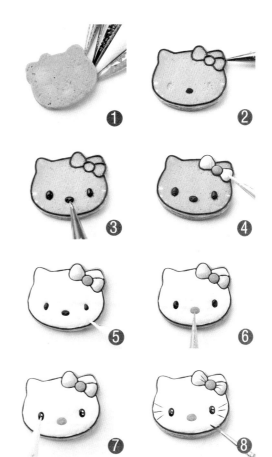

制作过程

1. 事先备好饼干和调好颜色的蛋白霜。

2. 用黑色中性蛋白霜细裱出Kitty猫的轮廓线条。

3. 用黑色中性蛋白霜细裱出五官。

4. 分别用黄色和蓝色软质蛋白霜挤在蝴蝶结轮廓线中。

5. 将白色软质蛋白霜挤在脸部轮廓线中，表面光滑平整，气孔可以用牙签或彩针扎破消泡。

6. 用黄色中性蛋白霜挤出鼻头。

7. 用黑色中性蛋白霜细裱出眼球，稍晾干后用白色中性蛋白霜在黑色眼球上挤出白色小高光。

8. 用黑色素在脸部画出胡须，用毛笔在蝴蝶结处画出细线条。

蜡笔小新

难易度
Nan Yi Du
★★★

Labi Xiaoxin

制作过程

1. 事先备好饼干和调好颜色的蛋白霜。

2. 用中性蓝、黑色蛋白霜细裱出小新轮廓线条。

3. 用软质蓝色蛋白霜将小新的衣服和帽子色块
　　填满。

4. 用棕色软质蛋白霜将小新头发挤满，表面平整，
　　气孔可以用牙签消泡。

5. 将肉色软质蛋白霜分别挤在小新的脸部轮廓中。

6. 手部位置用肉色软质蛋白霜填满。

7. 用黑色蛋白霜加糖粉调制中性蛋白霜后，将小
　　新眼睛位置挤满。

8. 最后用勾线毛笔将小新的眉毛画好，再用白色
　　中性蛋白霜挤出白色眼球。

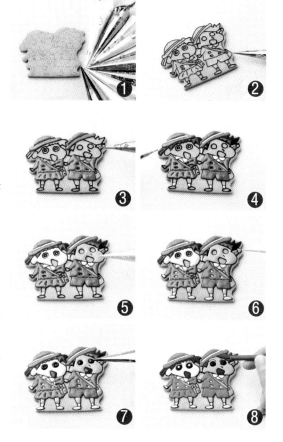

蓝精灵

Lanjingling

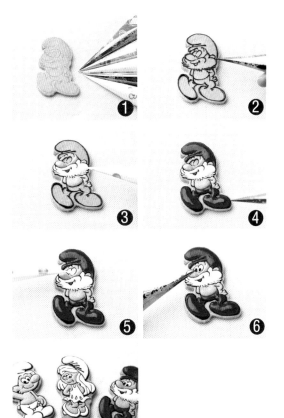

制作过程

1. 事先备好饼干和调好颜色的蛋白霜。

2. 用中性蛋白霜将蓝精灵的纹路细裱好，线条粗细要有变化。

3. 将软质蓝色蛋白霜挤在身体和脸部位置后，用白色软质蛋白霜挤在胡须的轮廓中。

4. 将红色软质蛋白霜填满帽子和鞋裤位置，表面的气孔可以用牙签消泡。

5. 将中性白色蛋白霜挤在眼眶中，表面平整光滑。

6. 用黑色中性蛋白霜将黑眼球装饰好。

7. 最后用勾线毛笔将帽子和衣服的褶皱画好。

维尼熊家族

Weinixiong Jiazu

难易度
Nan Yi Du
★★★

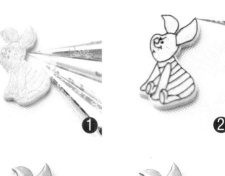

① ②

制作过程

1. 事先备好饼干和调好色的蛋白霜。

2. 用黑色中性蛋白霜将小猪的轮廓画好。

3. 用粉色软质蛋白霜挤在耳朵轮廓中，取肉色软质蛋白霜将小猪的四肢轮廓中填满。

4. 取肉色软质蛋白霜将小猪的脸部轮廓中填满，表面平整光滑。

5. 用软质红色蛋白霜将身体位置填满。

6. 取黑色蛋白霜将小猪的五官加强细裱处理，最后用白色中性蛋白霜将小猪眼睛的高光挤上即可。

③ ④

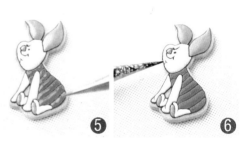

⑤ ⑥

史迪仔

难易度 Nan Yi Du ★★★

Shidizai

❶ ❷

制作过程

1. 事先备好饼干和调好颜色的蛋白霜。

2. 用中性蛋白霜挤出史迪仔的线条轮廓，用黑色软质蛋白霜挤在相应的背光处。

3. 将软质紫色蛋白霜挤在史迪仔的耳朵中，表面光滑平整，气孔可以用牙签扎破消泡。

4. 将软质红色蛋白霜挤在事先画好的嘴部轮廓中，用淡蓝色蛋白霜将胸毛处挤满。

5. 用蓝色软质蛋白霜将身体和脸部位置填满，表面光滑平整。

6. 用软质白色蛋白霜将牙齿位置挤满。

7. 最后用中性蛋白霜将高光点上。

❸ ❹

❺ ❻

❼

加菲猫

Jiafeimao

制作过程

1. 事先备好饼干和调好色的蛋白霜。

2. 用中性黑色蛋白霜细裱出加菲猫的轮廓线条。

3. 用橙色软质蛋白霜将加菲猫的身体轮廓内挤满，表面光滑平整。

4. 用柠檬黄色软质蛋白霜将胡须轮廓内挤满。

5. 用白色软质蛋白霜将眼球处填满，色块不宜外露。

6. 用橙色软质蛋白霜将眼皮轮廓内填满。

7. 用中性黑色蛋白霜将加菲猫的身体线条纹路细裱好，最后将黑色眼球挤上即可。

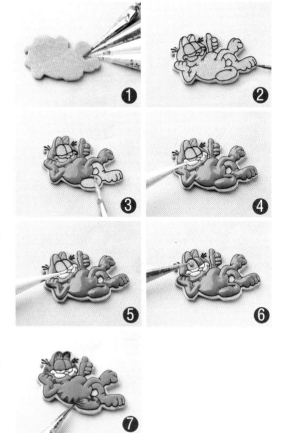

趣味奶牛

难易度
Nan Yi Du
★★★

Quwei Nainiu

制作过程

1. 事先备好饼干和调好颜色的蛋白霜，用勾线毛笔将奶牛的轮廓勾勒好。

2. 用黑色中性蛋白霜细裱出奶牛的轮廓线条。

3. 用粉色软质蛋白霜挤在鼻孔内，取橙色软质蛋白霜将牛角挤满。

4. 用咖啡色软质蛋白霜挤在奶牛斑纹轮廓内。

5. 舌头的颜色可以用橙色软质蛋白霜填满。

6. 用粉色软质蛋白霜挤在肚皮和嘴巴位置，表面光滑平整，气孔可以用牙签扎破消泡。

7. 取白色中性蛋白霜挤在眼眶中，用软质柠檬黄色蛋白霜将身体填满。

8. 在白色眼珠部位晾干后，用黑色中性蛋白霜挤上黑色眼球即可。

39

哼哼小卡

难易度
Nan Yi Du
★★★

Hengheng Xiaoka

制作过程 ●●

1. 事先备好饼干和调好颜色的蛋白霜，用勾线毛笔将小狗的轮廓画好。

2. 用中性软质蛋白霜细裱出小狗的轮廓线条。

3. 取咖啡色软质蛋白霜将小狗鼻头和耳朵的高光处挤满。

4. 用软质白色蛋白霜挤在小狗眼眶中。

5. 用黑色蛋白霜将小狗的耳朵、鼻头、斑纹处填满。

6. 将调好的软质紫色蛋白霜作为肤色填满小狗身体内部，表面光滑无气孔。

7. 用白色中性蛋白霜挤出表面高光点即可。

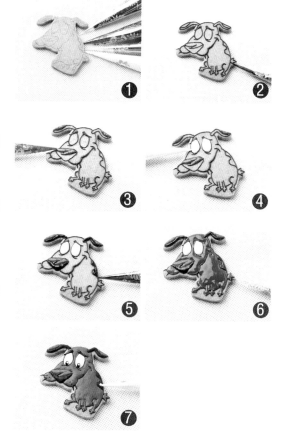

海贼王

Haizeiwang

难易度
Nan Yi Du
★★★

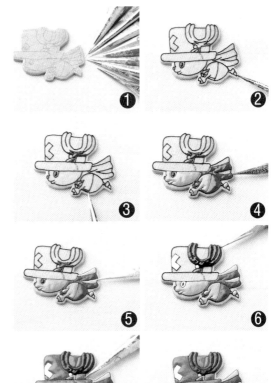

❶ ❷ ❸ ❹ ❺ ❻ ❼ ❽

制作过程

1. 事先备好饼干和调好颜色的蛋白霜，用勾线笔将所需要的图案勾勒好。

2. 用黑色中性蛋白霜按照底稿细裱出所需要的图案。

3. 用淡咖色软质蛋白霜将脸部、身体肤色填满。

4. 取紫色软质蛋白霜将衣服的色块填满，表面气孔可以用牙签扎破消泡。

5. 用粉色软质蛋白霜将披风的条纹色块填满。

6. 将巧克力色软质蛋白霜挤在触角的轮廓中，色块须清晰。

7. 将红色软质蛋白霜挤在帽子轮廓中，表面平整光滑无气孔。

8. 最后用勾线笔在饼干表面画出细线，作为装饰。

堆雪人

难易度
Nan Yi Du
★★★

Duixueren

制作过程

1. 事先准备好饼干和调好颜色的蛋白霜。

2. 先用中性白色蛋白霜围绕饼干边缘细裱出轮廓线条，接着将软质白色蛋白霜挤满在轮廓中，表面平整无气孔。

3. 在表面蛋白霜晾干后，用黑色中性蛋白霜细裱出雪人的轮廓线条。

4. 用蓝色软质蛋白霜挤在相应的轮廓中，将红色软质蛋白霜挤在心形内。

5. 将白色软质蛋白霜挤在相应的轮廓中，用软质肉色蛋白霜挤在相应的轮廓中，色块清晰干净。

6. 在表面蛋白霜晾干后，用食用色素笔画出围巾细线条。

7. 用蓝色软质蛋白霜细裱出口袋和钮扣。

8. 最后刷上围巾的各色条纹即可。

名卡通组合

Mingkatong Zuhe

制作过程

1. 事先备好饼干和调好颜色的蛋白霜。

2. 用黑色中性蛋白霜细裱出饼干轮廓线条。

3. 用黑色中性蛋白霜细裱出初步五官线条。

4. 将黄色软质蛋白霜挤在轮廓线内，表面平整光滑无气孔。

5. 用黑色软质蛋白霜细裱出脸部五官，分别用黑色、红色软质蛋白霜挤在鼻子、嘴巴轮廓中。

6. 用白色中性蛋白霜在眼球上挤出小高光。

43

损鸟一族

Sunniao Yizu

难易度
Nan Yi Du
★★★

制作过程

1. 事先备好饼干和调好颜色的蛋白霜。

2. 用黑色中性蛋白霜细裱出图案轮廓。

3. 用红色软质蛋白霜挤在相应的轮廓线中。

4. 将黄色软质蛋白霜挤在相应的轮廓线中。

5. 用白色软质蛋白霜挤在相应的轮廓线中，将黄色软质蛋白霜挤在脚丫轮廓线中。

6. 将墨绿色软质蛋白霜挤在相应的轮廓线中，用果绿色软质蛋白霜挤在衣服轮廓线中，表面平整光滑无气孔。

7. 用黑色中性蛋白霜挤在白色眼球上。

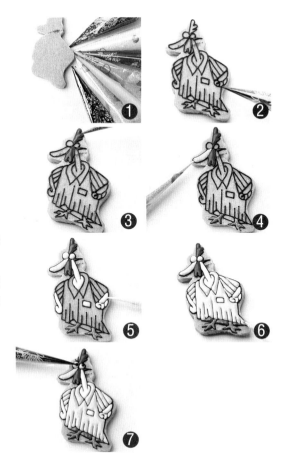

蜘蛛侠战队

Zhizhuxia Zhandui

制作过程

1. 事先备好饼干和调好颜色的蛋白霜。

2. 用黑、红、蓝蛋白霜细裱出图案的
轮廓。

3. 将红色蛋白霜挤在相应的轮廓中，表
面平整无气孔。

4. 用黄色蛋白霜挤在超人的图标中。

5. 人物脸部用肉色蛋白霜填满，表面的
小气孔可以用牙签或是彩针消泡。

6. 头发和眼眶用黑色软质蛋白霜填满。

7. 用黑色蛋白霜细裱出脸部五官。

8. 用白色蛋白霜细裱出眼睛的高光。

45

怪咖玩偶

Guaika Wanou

难易度
Nan Yi Du
★★★

制作过程

1. 事先备好饼干和调好颜色的蛋白霜。

2. 用黑色蛋白霜细裱出玩偶的轮廓。

3. 将软质黑色蛋白霜挤在玩偶的嘴巴内。

4. 用软质白色蛋白霜将玩偶眼眶挤满。

5. 用红色软质蛋白霜将玩偶的脸部、嘴巴挤满，表面光滑平整。

6. 将粉色软质蛋白霜挤在相应的轮廓中。

7. 将红色蛋白霜挤在玩偶的脸部，表面平整无气孔。

8. 用黑色蛋白霜细裱出玩偶的眼球和睫毛。

沙漠舞台

Shamo Wutai

难易度
Nan Yi Du
★★★

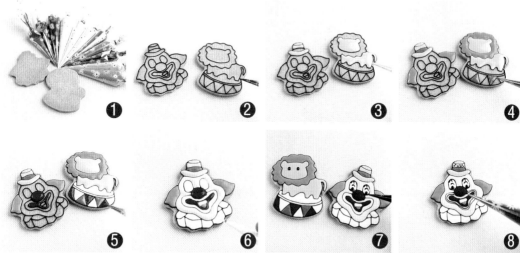

制作过程

1. 事先备好饼干和调好颜色的蛋白霜。

2. 用黑色中性蛋白霜细裱出图案轮廓。

3. 将黄色蛋白霜调制较软后挤在相应的轮廓中。

4. 将橙、蓝蛋白霜调制较软后挤在相应的轮廓中。

5. 用红色软质蛋白霜挤在相应的轮廓中，表面的气孔可以用牙签或彩针消泡。

6. 将肉、白色蛋白霜加水调制较软后，分别填在小丑的脸部、脖颈处。

7. 用黑色中性蛋白霜细裱出小丑的黑色眼球。

8. 用蓝色中性蛋白霜细裱出小丑的嘴巴线条。

冰雪奇缘

难易度
Nan Yi Du
★★★

制作过程 ••••••••••••••

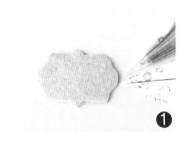

❶

事先备好饼干和调好颜色的蛋白霜。

❷

用蓝色软质蛋白霜将饼干轮廓内填满，表面光滑平整无气孔。

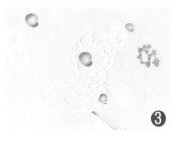

❸

用白色中性蛋白霜在玻璃纸表面画上人物头像的轮廓线条。

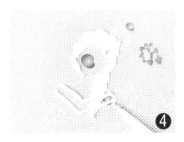

❹

头发处用白色软质蛋白霜挤满，色块之间清晰。

❺

用肉色软质蛋白霜挤在脸部和脖颈处，表面光滑平整。

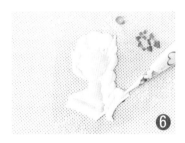

❻

用蓝色软质蛋白霜挤在衣领位置，晾干后脱模。

❼

将脱好模的图案人像用蛋白霜粘接在事先做好的饼干底上，用勾线毛笔蘸上翻糖专用色素画上五官。

❽

最后用珠光蓝色粉将饼干边缘刷上颜色，作为装饰。

美女与野兽

Meinv Yu Yeshou

制作过程

1. 事先备好饼干和调好颜色的蛋白霜。

2. 用黑色蛋白霜将人物的线条轮廓画好。

3. 用白色蛋白霜将衣服、眼眶、嘴巴填满，色块之间的线清晰。

4. 用咖啡色、黑色蛋白霜分别将头发和领结的色块填满。

5. 人物脸部可以用肉色软质蛋白霜填满，表面光滑平整。

6. 用蓝色蛋白霜将女生衣服色块挤好后，再用黑色蛋白霜将眼球细裱好。

7. 用白色蛋白霜在黑色眼球上挤出白色高光。

8. 最后将所有公仔眼睛高光挤好即可。

浪漫彩妆派

Langman Caizhuangpai

制作过程

1. 事先将饼干烤好、蛋白霜颜色调好。

2. 用黑色蛋白霜细裱出高跟鞋和香水瓶的轮廓线。

3. 用墨绿色蛋白霜将高跟鞋上的心形挤满。

4. 用白色中性蛋白霜细裱出香水瓶的吸管。

5. 用白色中性蛋白霜细裱出网格。

6. 用白色中性蛋白霜在香水瓶的边缘挤上高光线条。

7. 用蓝色中性蛋白霜在瓶底处挤出由粗到细的线条，作为装饰。

8. 用橙色中性蛋白霜在瓶盖表面挤出螺旋纹路线条。

粉色佳人
Fense Jiaren

制作过程 ••

① 事先备好饼干和调好颜色的蛋白霜。

② 用中性白色蛋白霜围绕饼干边缘挤出轮廓线后，用白色软质蛋白霜挤在轮廓线内，表面光滑平整无气孔。

③ 用红色中性蛋白霜在饼干表面画上花瓣。

④ 用红色中性蛋白霜在饼干表面画上弧形线条。

⑤ 用白色中性蛋白霜在饼干表面挤出网格线条后，用软质中性蛋白霜将每个网格挤满。

⑥ 用黄色中性蛋白霜在每个网格接口处挤上小圆点。

⑦ 用暗红色中性蛋白霜在饼干边缘挤出豆型小花边作为装饰。

⑧ 在晾干后的蛋白霜饼干表面用粉色软质蛋白霜挤出心形。

公主系列

Gongzhu Xilie

制作过程

1. 事先将饼干底和调色蛋白霜备好。

2. 用黑色中性蛋白霜将公主的轮廓线画好。

3. 将软质黑、黄蛋白霜挤在头发轮廓线中，用粉、红色蛋白霜挤在相应的轮廓中。

4. 将肉色蛋白霜挤在脸部和手部位置。

5. 用黄色、蓝色蛋白霜挤在裙子的相应处。

6. 在表面蛋白霜风干后，用黑色蛋白霜挤出眼睛。

7. 用粉色、白色蛋白霜在公主头发处做装饰。

8. 用白色蛋白霜在裙子和头发上挤上高光。

公主装

Gongzhuzhuang

难易度
Nan Yi Du
★★★

制作过程

1. 事先备好饼干和调好颜色的蛋白霜。

2. 用橙色中性蛋白霜细裱出高跟鞋轮廓。

3. 将橙色软质蛋白霜挤在线条轮廓内，表面平整光滑无气孔。

4. 将粉色软质蛋白霜挤在线条轮廓内。

5. 将黑色软质蛋白霜挤在相应的轮廓中。

6. 将白色软质蛋白霜挤在鞋跟的轮廓线中。

灰姑娘传奇

Huiguniang Chuanqi

制作过程

1. 事先备好饼干和调好颜色的蛋白霜。

2. 用黑色中性蛋白霜在饼干边缘挤出轮廓线条。

3. 将黑色软质蛋白霜挤在轮廓线条内，表面平整光滑，气孔可以用牙签扎破消泡。

4. 用白色中性蛋白霜在饼干边缘挤出豆型小花边作为装饰。

5. 待表面晾干后，用白色中性蛋白霜细裱出线条花边。

6. 用白色中性蛋白霜在饼干尖头处细裱出线条。

7. 用白色中性蛋白霜在单根线条上细裱出折叠线条，形成网格线条。

8. 用白色中性线条在饼干表面细裱出线条图案作为装饰。

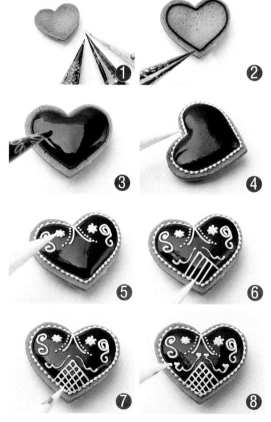

美女情缘

Meinv Qingyuan

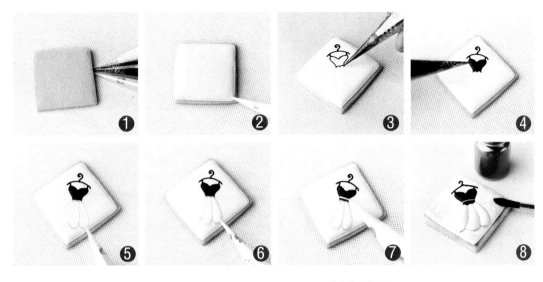

① ② ③ ④

⑤ ⑥ ⑦ ⑧

制作过程

1. 事先备好饼干和调好颜色的蛋白霜。

2. 用白色中性蛋白霜围绕饼干边缘挤出
轮廓线条,将软质白色蛋白霜挤在轮
廓线条内,表面光滑平整,气孔可以
用牙签扎破消泡。

3. 用黑色中性蛋白霜在饼干表面细裱出
衣架和裙子上衣的轮廓线条。

4. 将黑色软质蛋白霜挤在裙子上衣轮廓
中,表面平整光滑。

5. 用蓝色中性蛋白霜细裱出裙子轮廓
线条。

6. 将蓝色软质蛋白霜挤在裙子线条轮廓
内,表面平整光滑无气孔。

7. 用白色中性蛋白霜细裱出裙子的
腰带。

8. 在饼干表面的蛋白霜晾干后,刷上红
色珠光亮粉作为装饰。

57

时尚女装

Shishang Nozhuang

制作过程

1. 事先备好饼干和调好颜色的蛋白霜。

2. 用黑色中性蛋白霜在饼干表面细裱出轮廓线条。

3. 将黑色软质蛋白霜挤在轮廓线中，表面平整光滑无气孔。

4. 在衣服的肩膀一端挤出树叶形。

5. 用毛笔将树叶线条边缘刷出毛边。

6. 用黑色中性蛋白霜在裙子底边挤一圈线条花边。

7. 用毛笔将线条花边刷出毛边。

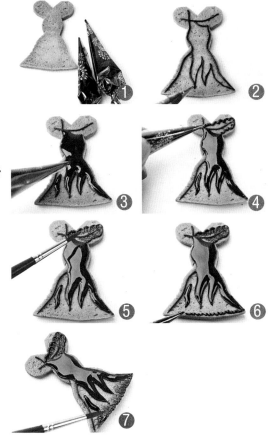

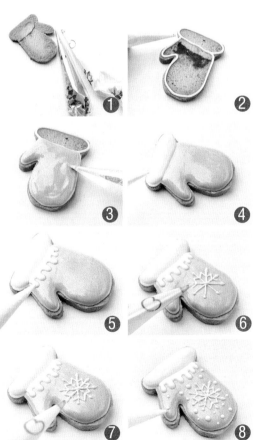

蓝衣寒冬

Lanyi Handong

制作过程

1. 事先备好饼干和调好颜色的蛋白霜。

2. 用白色中性蛋白霜围绕饼干边缘细裱出手套轮廓线条。

3. 将蓝色软质蛋白霜挤在轮廓线条内，表面平整光滑，气孔可以用牙签扎破消泡。

4. 将白色软质蛋白霜挤在手套线条轮廓内。

5. 在饼干表面晾干后，用白色软质蛋白霜挤出雪堆。

6. 用中性蛋白霜在饼干表面细裱出单线。

7. 用白色中性蛋白霜在雪花表面挤出小圆点。

8. 用白色中性蛋白霜在饼干表面挤出大小不一的小圆点。

女人最爱

Nüren Zuiai

难易度
Nan Yi Du
★★★

制作过程
●●●●●●●●●●●●●●●●●●●●●

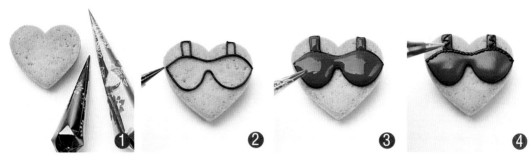

❶ 事先备好饼干和调好颜色的蛋白霜。

❷ 用黑色中性蛋白霜细裱出内衣轮廓。

❸ 将红色软质蛋白霜挤在轮廓线中。

❹ 用黑色中性蛋白霜细裱出内衣花边。

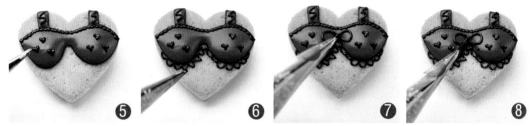

❺ 用黑色中性蛋白霜在内衣表面挤出小心形。

❻ 用黑色中性蛋白霜在内衣边缘挤出弧形花边。

❼ 用黑色中性蛋白霜在内衣中心位置挤出蝴蝶结。

❽ 最后用黑色中性蛋白霜在蝴蝶结上挤出小圆点作为装饰。

裙纱
Qunsha

制作过程

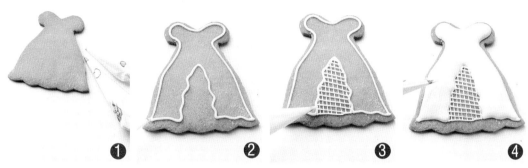

①
事先备好饼干和调好颜色的蛋白霜。

②
用白色中性蛋白霜细裱出裙子轮廓线条。

③
用白色中性蛋白霜在裙摆的交叉口处细裱出网格线条。

④
将白色软质蛋白霜挤在裙子轮廓线中，表面平整光滑，气孔可以用牙签扎破消泡。

⑤
用白色中性蛋白霜在裙底边缘挤出弧形线条。

⑥
用白色中性蛋白霜在弧形线条中挤上小圆点作为装饰。

⑦
待表面晾干后，用白色中性蛋白霜细裱出S线条。

⑧
用白色中性蛋白霜在S线条边缘挤出小圆点作为装饰。

心心相映

Xinxin Xiangying

制作过程

1. 事先备好饼干和调好颜色的蛋白霜。

2. 用红色中性蛋白霜在饼干上细裱出相应的轮廓线条。

3. 将红色软质蛋白霜挤在心形轮廓中，表面光滑平整，气孔可以用牙签或是彩针扎破消泡。

4. 将红色软质蛋白霜挤在五瓣花的轮廓线中。

5. 在表面晾干后用红色中性蛋白霜细裱出字母。

6. 用白色中性蛋白霜在五瓣花上挤上小圆点后，用毛笔刷出小点。

7. 用白色中性蛋白霜在花的第二层挤上小圆点。

8. 用毛笔将小圆点刷出小尖。

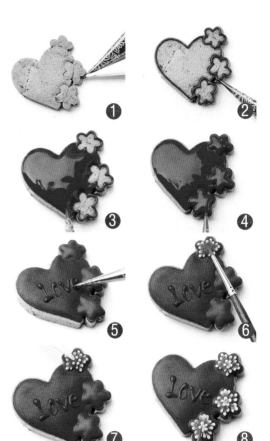

国粹

Guocui

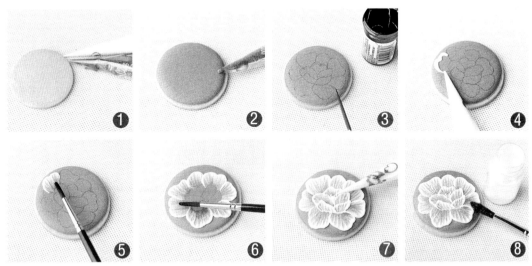

制作过程

1. 事先备好饼干和调好颜色的蛋白霜。

2. 用紫色中性蛋白霜围绕饼干边缘挤出轮廓线条后，将软质紫色蛋白霜挤在轮廓线条内，表面平整光滑无气孔。

3. 将毛笔蘸翻糖专用黑色素勾勒出牡丹花底稿。

4. 用白色中性蛋白霜勾勒出花瓣边缘的粗线条。

5. 用毛笔将花瓣边缘线条刷出笔触。

6. 刷出每个花瓣之间的清晰笔触，使花瓣边缘较厚花根较薄。

7. 用白色中性蛋白霜细裱出花蕊。

8. 用白色珠光亮粉刷在晾干后的饼干表面，作为装饰。

皇室足迹

Huangshi Zuji

难易度
Nan Yi Du
★★★

❶ ❷ ❸ ❹

❺ ❻ ❼ ❽

制作过程

1. 事先将饼干底和调色蛋白霜备好。

2. 用黑色蛋白霜将饼干轮廓线画好。

3. 用红色蛋白霜涂在鞋头位置。

4. 用棕色蛋白霜挤在靴筒位置。

5. 用黄色软质蛋白霜在晾干后的饼干表面细裱出纹路图案。

6. 在风干的蛋白霜表面用红色和棕色蛋白霜勾画基础细线条作为装饰。

7. 用柠檬黄色蛋白霜在鞋头位置挤出线条作为装饰。

8. 最后用白色蛋白霜在靴子边缘挤上高光线条。

标志图案

Biaozhi Tuan

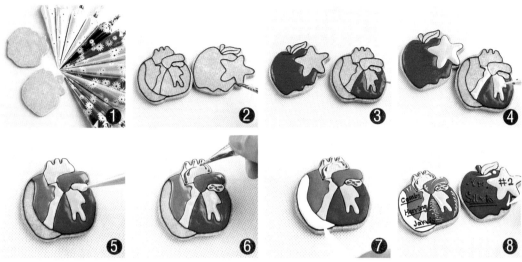

制作过程

1. 事先将饼干底和调色蛋白霜备好。

2. 用黑色蛋白霜将轮廓线画好。

3. 用红色蛋白霜挤在相应的轮廓中。

4. 用柠檬黄色蛋白霜挤在相应的轮廓中。

5. 用粉色、蓝色蛋白霜挤在相应的轮廓中。

6. 用红色蛋白霜挤在粉色色块上作为装饰。

7. 用白色蛋白霜挤在最边缘的轮廓中。

8. 用黑色蛋白霜在风干的饼干表面上挤出字体，用白色蛋白霜在饼干边缘挤上高光线条。

67

Q版蛋糕

Q ban Dangao

制作过程

1. 事先备好饼干和调好颜色的蛋白霜。

2. 用粉色中性蛋白霜细裱出蛋糕纸杯的轮廓
   线条。

3. 将粉色软质蛋白霜挤满在轮廓内，表面平整光
   滑无气孔。

4. 在粉色蛋白霜未干前用白色软质蛋白霜在表面
   挤上小圆点。

5. 用白色中性蛋白霜细裱出所需要的轮廓线。

6. 用咖啡色软质蛋白霜细裱出小雪堆。

7. 用红色中性蛋白霜在蛋糕顶部挤上小圆点。

8. 在表面未干前撒上小彩糖作为装饰。

幼儿帽

难易度 Nan Yi Du ★★★

Youermao

制作过程

1. 事先备好饼干和调好颜色的蛋白霜。
2. 用中性软质蛋白霜勾勒出图案线条轮廓。
3. 将白色软质蛋白霜挤在内部轮廓中，表面平整光滑。
4. 将调好软硬的蓝色蛋白霜挤在字母内。
5. 用白色软质蛋白霜挤在帽檐内后，及时将彩珠糖撒上作为装饰。
6. 最后用蓝色中性蛋白霜在帽顶位置挤上小圆球。

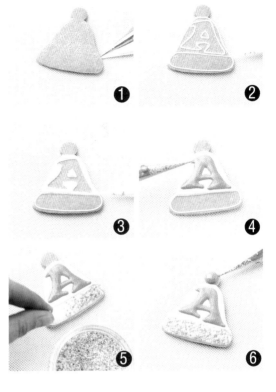

❶ ❷ ❸ ❹ ❺ ❻

美丽画笔

难易度 Nan Yi Du ★★★

Meili Huabi

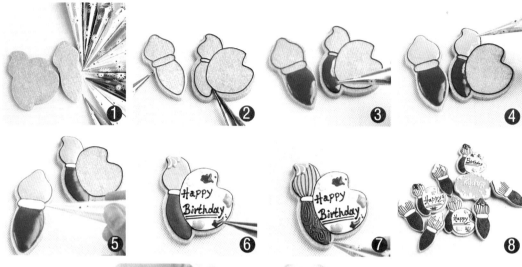

①②③④⑤⑥⑦⑧

制作过程

1. 事先备好饼干和调好颜色的蛋白霜。

2. 分别用咖啡色和黑色中性蛋白霜将图案纹路挤好。

3. 将调好的软质咖啡色蛋白霜挤在笔杆中，表面光滑平整无气孔。

4. 用咖啡色软质蛋白霜挤在笔头轮廓中，表面平整光滑。

5. 用白色软质蛋白霜挤在相应的轮廓中。

6. 将红、粉、黄、橙、蓝、紫色软质蛋白霜分别点缀在色盘中，用黑色中性蛋白霜在色盘中写上字母。

7. 用咖啡色中性蛋白霜在笔杆上细裱出木纹线条。

8. 最后用白色中性蛋白霜细裱出高光亮点处即可。

挥洒彩妆

难易度
Nan Yi Du
★★★

制作过程

1. 事先备好饼干和调好颜色的蛋白霜。

2. 将红、黄、咖啡色蛋白霜调制较软后，分别挤在相应的饼干轮廓中。

3. 将咖啡色蛋白霜调至中性后，取出晾干好的饼干，在表面画上彩笔轮廓线条。

4. 将底色蛋白霜晾干后，用淡黄色蛋白霜在表面挤出雪堆状。

5. 用黑色中性蛋白霜在饼干表面细裱英文字母。

6. 用蓝色软质蛋白霜在笔尖处挤上装饰的色块。

7. 用软质淡蓝色蛋白霜在饼干表面挤出雪堆作为装饰。

8. 最后用白色蛋白霜在每块饼干图案表面挤上高光。

美味冰淇淋

Meiwei Bingqilin

难易度
Nan Yi Du
★★★

制作过程

1. 事先备好饼干和调好颜色的蛋白霜。

2. 分别用巧克力色、粉色、肉色中性蛋白霜细裱
出冰淇淋轮廓线条。

3. 将肉色软质蛋白霜挤在相应的轮廓线中，表面
平整光滑无气孔。

4. 将巧克力色软质蛋白霜挤在相应的轮廓线中，
表面气孔可以用牙签或是彩针扎破消泡。

5. 将粉色软质蛋白霜挤在相应的轮廓线中，表面
气孔可以用牙签扎破消泡。

6. 在表面还未干时撒上彩珠糖作为装饰。

7. 用巧克力色中性蛋白霜在冰淇淋表面细裱出网
格线条。

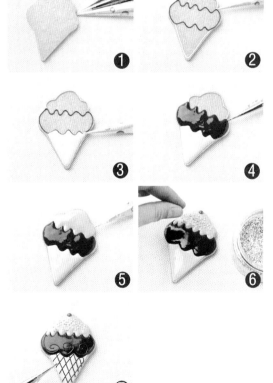

佳人甜品

难易度
Nan Yi Du
★★★

制作过程

1. 事先备好饼干和调好颜色的蛋白霜。

2. 用咖啡色、白色中性蛋白霜细裱出纸杯轮廓线条。

3. 将白色软质蛋白霜挤在相应的轮廓线中。

4. 在表面还未干时撒上彩珠糖作为装饰。

5. 将蓝色软质蛋白霜挤在纸杯轮廓线中，表面平整光滑，气孔可以用牙签或彩针扎破消泡。

❶ ❷

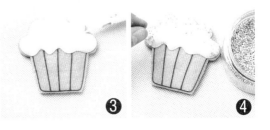

❸ ❹

❺

婴儿乐趣

难易度
Nan Yi Du
★★★

Yinger Lequ

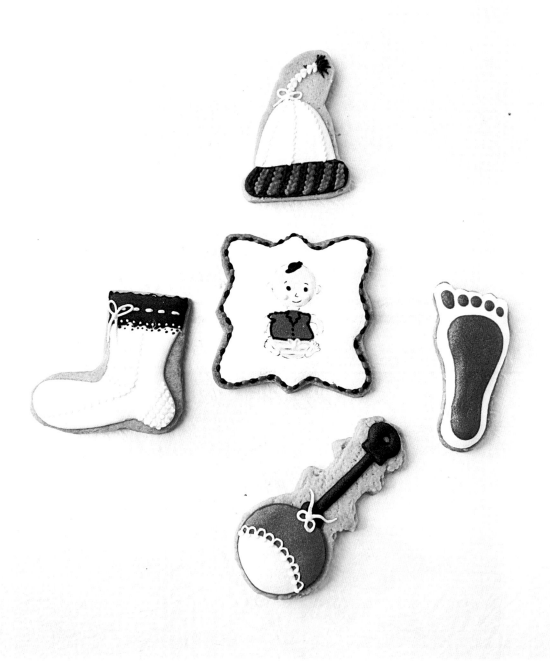

制作过程

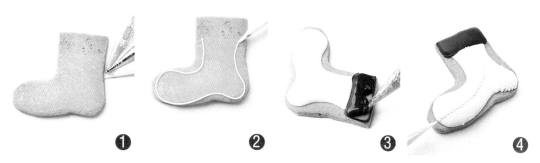

1 事先备好饼干和调好颜色的蛋白霜

2 用白色中性蛋白霜在饼干表面细裱出轮廓线。

3 分别用白色、咖啡色蛋白霜挤在相应的轮廓中。

4 待表面晾干后，用白色中性蛋白霜挤出鞭炮形小花边。

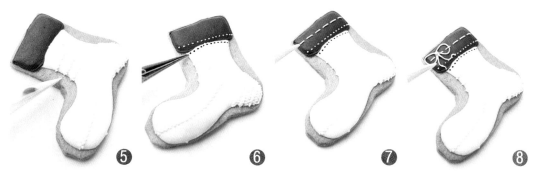

5 用白色中性蛋白霜在袜筒处挤上鞭炮形小花边。

6 用咖啡色软质蛋白霜在白色袜子顶部挤上小圆点。

7 用蓝色中性蛋白霜在袜子表面挤出小细线条。

8 用蓝色中性蛋白霜在饼干表面细裱出蝴蝶结。

挥洒人生

Huisa Rensheng

难易度
Nan Yi Du
★★★

制作过程

1. 事先备好饼干和调好色的蛋白霜。

2. 用黑色中性蛋白霜挤出铅笔线条轮廓，将软质蛋白霜挤在笔尖轮廓中。

3. 将红色蛋白霜加水稀释后挤在铅笔顶部轮廓中，表面平整光滑。

4. 用柠檬黄色软质蛋白霜挤在相应的轮廓中。

5. 将调好软硬的黑色蛋白霜挤在相应的轮廓中。

6. 将肉色软质蛋白霜挤在相应的轮廓中，表面光滑平整无气孔。

7. 在表面蛋白霜晾干后，用黑色中性蛋白霜在相应的黑色块上细裱出细线长条。

8. 用白色中性蛋白霜在铅笔边缘细裱出高光亮点作为装饰。

菜鸟专场

Cainiao Zhuanchang

制作过程

1. 事先将饼干底和调色蛋白霜备好。

2. 用黑色蛋白霜将鸟的轮廓画好。

3. 将红色蛋白霜挤在小鸟的身体和头部位置，将白色蛋白霜挤在嘴巴和爪子位置。

4. 用蓝色蛋白霜在翅膀的轮廓中挤出U型羽毛。

5. 用墨绿色蛋白霜接着蓝色蛋白霜的轮廓外线挤，接着用红蛋白霜将剩余的位置挤平。

6. 用牙签或是彩针将羽毛之间的轮廓画清晰。

7. 用白色蛋白霜将小鸟身上的羽毛勾勒好。

8. 用红色蛋白霜在眼眶中挤上红色血丝。

彩色小熊

难易度 Nan Yi Du ★★★

Caise Xiaoxiong

制作过程

1. 事先备好饼干和调好颜色的蛋白霜。

2. 用红色中性蛋白霜在饼干边缘细裱出轮廓线条。

3. 将红色软质蛋白霜挤在轮廓线条中。

4. 将红色软质蛋白霜挤在饼干表面，气孔可以用牙签或是彩针扎破消泡。

5. 在蛋白霜还未干时用白色软质蛋白霜挤出小圆点。

6. 用白色中性蛋白霜在饼干边缘挤出小圆点作为装饰。

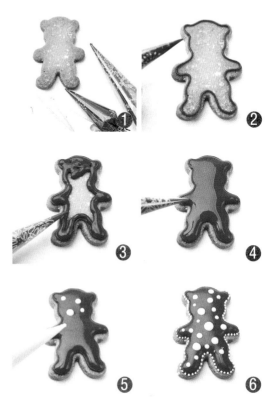

冬季之暖

难易度
Nan Yi Du
★★★

Dongji Zhinuan

制作过程

1. 用事先调好的蛋白霜颜色细裱出做装饰的树叶、冰淇淋等配件，晾干。

2. 将软质蛋白霜填充在相应的轮廓中，用中性蛋白霜在饼干中心蓝色表面处挤出小熊头。

3. 在小号锯齿花嘴裱花袋中装上果绿色蛋白霜后，分别在小熊的脖颈处挤出围巾和帽子。

4. 用肉色中性蛋白霜在小熊脸部挤上嘴巴。

5. 用粉色蛋白霜在小熊的脖颈处挤上围巾，头顶位置挤上帽子。

6. 用白色软质蛋白霜在小熊周围挤上雪花作为装饰。

7. 用黑色中性蛋白霜细裱出小熊眼睛和嘴巴。

8. 最后将事先做好晾干的小配件取出，粘接在饼干表面作为装饰。

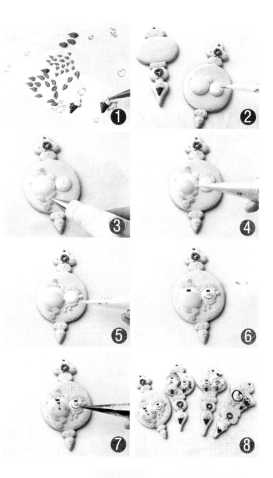

圣诞之约

Shengdan Zhiyue

难易度
Nan Yi Du
★★★

制作过程

1. 事先备好饼干和调好颜色的蛋白霜。

2. 用黑、红、白色中性蛋白霜细裱出小鹿和圣诞老人轮廓。

3. 将红色蛋白霜调制较软后，挤在帽子和鼻头轮廓中，表面气孔可以用牙签消泡。

4. 用软质蛋白霜挤在相应的轮廓中。

5. 用白色中性蛋白霜挤出小鹿的白眼球。

6. 将肉、白色蛋白霜调制较软后填在圣诞老人轮廓中，表面光滑。

7. 用黑色中性蛋白霜细裱出小鹿眼球。

8. 用白色蛋白霜细裱出圣诞老人鼻头的高光，用红色蛋白霜在圣诞老人脸上挤两个小圆点作为腮红装饰，用红、黄、蓝、绿色软质蛋白霜在小鹿角上挤出小点作为装饰。

圣诞枷锁

Shengdan Jiasuo

制作过程

1. 事先备好饼干和调好颜色的蛋白霜。

2. 用巧克力色、白色中性蛋白霜细裱出轮廓线条。

3. 分别用白色、巧克力色软质蛋白霜挤在相应的轮廓线中，表面平整光滑，气孔可以用牙签和彩针扎破消泡。

4. 用黄色中性蛋白霜在饼干根部细裱出"8"字。

5. 选用绿色珍珠糖粘在饼干表面。

6. 用白色中性蛋白霜在饼干表面细裱出弧形线条。

7. 用黑色素在饼干表面绘画出五官，用墨绿色中性蛋白霜在头部一角细裱出小圣诞树作为装饰。

8. 用粉色软质蛋白霜在嘴角处挤出小圆点作为装饰。

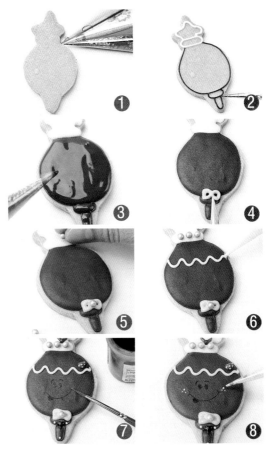

彩菊之星

Caiju Zhixing

难易度
Nan Yi Du
★ ★ ★

 ❶ ❷ ❸ ❹

 ❺ ❻ ❼ ❽

制作过程

1. 事先备好饼干和调好颜色的蛋白霜。

2. 用蓝色中性蛋白霜在饼干边缘挤上相同大小的圆球。

3. 用毛笔依序由上向下刷，小花瓣呈U型。

4. 整体花瓣边缘较厚，花根较薄，刷出花瓣的立体效果。

5. 用蓝色中性蛋白霜在花瓣第二层挤一圈小圆球。

6. 用毛笔依序将小圆球刷成小花瓣，根薄瓣厚。

7. 用黄色中性蛋白霜在花芯位置挤上小花芯。

8. 将蓝色珠光粉用毛笔刷在花瓣根部，使其有立体效果。

新婚情侣

Xinhun Qinglv

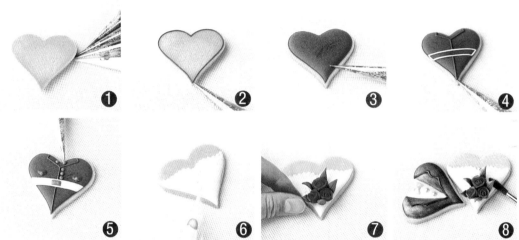

① ② ③ ④

⑤ ⑥ ⑦ ⑧

制作过程

1. 事先备好饼干和调好颜色的蛋白霜。

2. 用红色中性蛋白霜围绕饼干边缘细裱
出轮廓。

3. 用蓝色软质蛋白霜将饼干轮廓填满,
表面光滑平整无气孔。

4. 用红色、白色中性蛋白霜分别细裱出
线条轮廓。

5. 用咖啡色中性蛋白霜在饼干表面挤上
小圆点作为点缀装饰。

6. 用白色中性蛋白霜将饼干表面细裱出
婚纱蕾丝边作为装饰。

7. 取出小块红色翻糖捏成小玫瑰花,粘
接在饼干表面;用墨绿色翻糖搓成
水滴形,压扁后作为树叶粘接在玫
瑰花边。

8. 最后用珠光亮粉刷在饼干表面作为
装饰。

万圣节系列

Wanshengjie Xilie

难易度
Nan Yi Du
★★★

制作过程

1. 事先将饼干备好，蛋白霜颜色调好。

2. 用黑色中性蛋白霜将饼干纹路勾勒好。

3. 将柠檬黄色和红色蛋白霜分别挤在相应的轮廓中。

4. 将黑色和粉色蛋白霜分别挤在相应的轮廓中。

5. 用红色蛋白霜挤在眼睛和衣服的轮廓中。

6. 用白色蛋白霜将头发的高光细裱出粗细线条。

7. 用黄色蛋白霜将南瓜的脸部填满，表面平整光滑。

8. 用红色蛋白霜将南瓜嘴巴和眼睛里的红血丝细裱好。

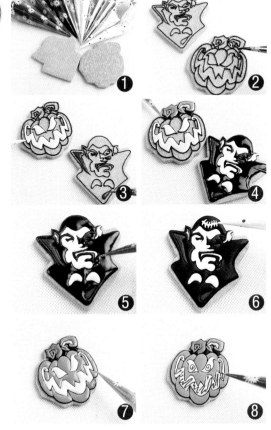

沐浴田园

Muyu Tianyuan

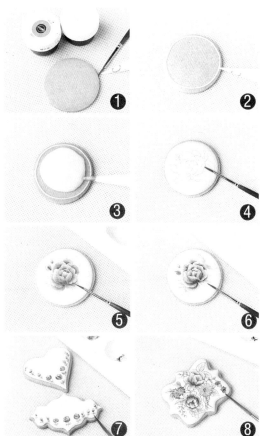

制作过程

1. 事先将饼干、毛笔、翻糖专用色素备好。

2. 用白色中性蛋白霜围绕饼干最边缘处挤出轮廓线。

3. 用白色软质蛋白霜填满轮廓线内，表面光滑平整，气孔可以用牙签扎破消泡。

4. 用勾线毛笔蘸上色素画出花卉底稿。

5. 用粉色专用翻糖色素加水稀释后，彩绘在事先画好的花瓣底稿上。

6. 用绿色专用翻糖色素加水稀释后，彩绘在事先画好的花瓣底稿中。

7. 用毛笔蘸上白色素将小玫瑰花瓣的笔触画上。

8. 最后在表面花卉上用毛笔蘸白色素画上高光点缀。

蕾丝爱心

Leisi Aixin

①②③④

⑤⑥⑦⑧

制作过程

1. 事先备好饼干和调好颜色的蛋白霜。

2. 用咖啡色中性蛋白霜围绕饼干边缘挤出线条轮廓后，用咖啡色软质蛋白霜挤在轮廓线中，表面光滑平整。

3. 用白色中性蛋白霜在饼干表面细裱出大小3个心形轮廓。

4. 用软质白色蛋白霜挤在心形中，表面平整后用中性蛋白霜围绕心形边缘挤一圈小圆点。

5. 用中性蛋白霜围绕第二个心形边缘挤一圈水滴豆型花边。

6. 用中性蛋白霜围绕大心边缘细裱出线条花边。

7. 用中性蛋白霜在晾干后的心形表面细裱出线条图案。

8. 用白色中性蛋白霜围绕饼干最边缘细裱出豆型花边。

精雕玉环

Jingdiao Yuhuan

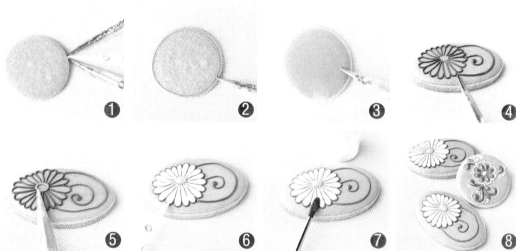

① ② ③ ④

⑤ ⑥ ⑦ ⑧

制作过程

1. 事先备好饼干和调好颜色的蛋白霜。

2. 用蓝色中性蛋白霜围绕饼干边缘挤出轮廓线条。

3. 将调好的软质蓝色蛋白霜挤在轮廓内，表面平整无气孔。

4. 用蓝色、墨绿色中性蛋白霜在饼干表面分别细裱出所需要的图案。

5. 用橙色中性蛋白霜在花瓣中心位置细裱出花芯轮廓。

6. 用白色软质蛋白霜挤在每个小花瓣中，根薄瓣厚。

7. 在饼干表面蛋白图案晾干后，用珠光粉刷在表面提亮。

8. 用珠光粉刷在其他两块饼干表面作为装饰。

田园浓情

Tianyuan Nongqing

制作过程

1. 事先备好饼干和调好颜色的蛋白霜。

2. 用蓝色中性蛋白霜在饼干中心处细裱出两个大小圆。

3. 将蓝色蛋白霜调制较软后，挤在事先画好的线条轮廓中。

4. 用白色软质蛋白霜将饼干中心填满，表面光滑平整，气孔可以用牙签消泡。

5. 事先将翻糖专用粉色色素加水稀释，用毛笔在晾干后的饼干表面画小玫瑰花。

6. 事先将翻糖专用绿色色素加水稀释，用毛笔在粉色小玫瑰花根位置画上花萼和花枝，小玫瑰表面再用白色色素画出笔触，体现立体效果。

7. 用白色中性蛋白霜在蓝色翻糖表面细裱出蕾丝花边。

8. 用白色中性蛋白霜在饼干边缘细裱出蕾丝花边。

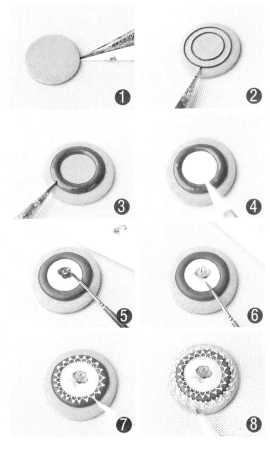

CHAPTER 3

翻糖公仔

在生活中最大的乐趣，就是将遗落在脑海里的创作灵感经由自己的一双巧手，创作出有灵气的公仔作品。特别是在手作风潮席卷全球的今天，手作公仔可作为一道展示佳品，可让人释放压力，也可以是时下追求风尚与品位的表征。

十年岁月雕琢出独特技巧，倾于一书，真情相授
——硕必清

公仔艺术甜点工艺，诞生于甜点之都——维也纳，是一项传统的甜点技术，使用捏制整形的技法，像魔法师一般制作出动漫人物、卡通公仔及水果、马卡龙等各项装饰造型。圆润可爱的造型让观赏者的心情愉悦、平静，温馨和幸福感油然而生。

小型公仔可以作为蛋糕装饰品，口味以材料而定，主要制作材料为姜饼、艺术面包、翻糖、巧克力泥、杏仁膏等，除此之外，可以捏制出高难度的抽象造型。可以包装在吸塑盒、玻璃软胶袋、彩绘硬纸盒中，若放入蓝色硅胶干燥剂一起包装的话，在常温不食用的情况下可以保存3至5年之久，可食用情况下保存两个月以内。

这部分介绍了我十多年来精心摸索出的独特技巧，从最基本捏制至难度颇高的技巧应用，内容充实完整，图解文字详细解说，在众多的公仔书籍中相信此书亦有相当的分量。

翻糖公仔装饰工艺必备的基本手法包括：捏、搓、揉、擀、压、切、裁、贴、挤、挑以及不同五官腮部刷出腮红，使用各种动画形象随心所欲捏制出理想的公仔造型。公仔工艺很适合用来表现甜品店的特色和品位，也能充分展现甜品店的艺术性和专业设计感，在视觉图像盛行的今天，请你不妨试着挑战这一片未知，创作属于自己的公仔世界。

在生活中最大的乐趣，就是将遗落在脑海里的创作灵感经由自己的一双巧手，创作出有灵气的公仔作品。特别是在手作风潮席卷全球的今天，手作公仔可作为一道展示佳品，可让人释放压力，也可以是时下追求风尚与品位的表征。

如果说机械甜品是现代人提升快捷生活品质的一种媒介，那么，即使来自名设计师的限量甜品，还是会有着量产与雷同的不快活。所以，能够用姜饼、翻糖、巧克力泥等当下流行的主流食材，运用捏、塑、刻、雕、抹、绘出和别人不一样的西点艺术品，绝对是件让身心洋溢着快乐、幸福、满足与骄傲的事。

书中的每一件精心创作不但温暖人心，而且散发出独特的生命力，甚至让人在其中找到一片属于自己的快乐的天空，仿佛自己也在分享生命中的感动和回忆，变身成为手艺魔术大师，轻轻一挥，就可以在不同的生活元素与动画场景中，创作出用金钱也抢不到的翻糖公仔世界限量精品。

按工艺手法分

半立体（在平面上制作，可以事先用一些纸模，按照纸模大小制作整体外型，头与身体之间不需要支架，创作起来可以更加天马行空，而且制作速度比立体更快捷）

立体（需要底座和支架，等底座全干、身体半干后才可放上头部，比例适当，卡通公仔头与身体比例通常为1：1，结构匀称）

按类型分

卡通（卡通形象比例一般比较夸张）

仿真（造型生动，比例一般比较协调）

按节日分

儿童节

圣诞节

情人节

坐姿

基本坐姿公仔制作流程示范

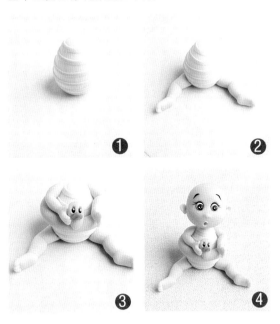

1. 身体制作：鸡蛋形的翻糖球，大头在下小头在上。

2. 腿部制作：取两条相同大小的翻糖条，整形出大腿和小腿位置，再取捏塑刀压出关节和脚踝，整形脚掌，切压出脚趾。

3. 手臂制作：搓两根长翻糖条，整形出手臂，取捏塑刀在修饰好的手掌最边缘处切压出手指。

4. 组合成型：搓一个翻糖圆球，用针形棒在圆球的中间位置左右滚压出脑门和颧骨轮廓，在中间二分之一位置挑压出眼眶，将翻糖搓一个小水滴，刷上胶水后粘接在眼睛下中间位置，用针形棒尖头在鼻子下挑扎出嘴巴，分别做出眼珠和眉毛。将所有部件组合，即为一个坐着的小人公仔。

趴姿

基本趴公仔制作流程示范

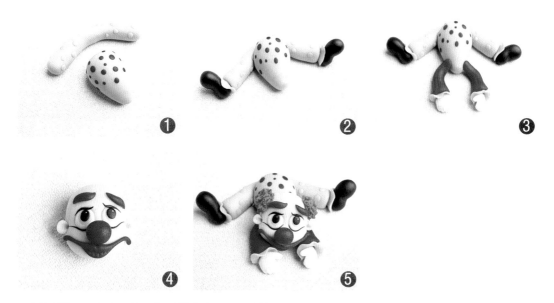

1.身体制作：取绿色翻糖揉匀后搓成鸡蛋形，平放。

2.腿部制作：蓝色翻糖揉匀后搓成长条，黄色翻糖搓成圆球擀薄后粘贴在裤脚边缘，取两个相同大小的圆球搓成水滴形，用手整形成鞋，粘接在裤脚处。

3.手臂制作：取红色翻糖揉匀后搓成长条稍压扁后粘贴在肩膀两侧，将黄色翻糖搓成圆球后压成薄皮，粘贴在袖口处，将肉色翻糖搓成水滴形压扁，用捏塑刀切出大拇指，修圆后粘接在袖口中。

4.用豆形棒小头在脸部二分之一处挑压出眼眶，用白色翻糖搓两个相同大小的圆球压扁后粘贴在眼眶中，用蓝色、黑色翻糖分别搓成相同大小的椭圆形，分别粘贴在白色眼球上，然后做出鼻头、眉毛和胡子。

5.将各部分连接即成。

站姿

① 用翻糖做出人物身体，注意腰、腹和脖颈部分。

② 腿的内部用支架支撑，粘接在身体上，注意叉开一定角度，保证人物站立。

③ 做出头部，粘接在身体上，注意面部表情，头微仰，造成动态感。

④ 做出手臂，粘接在身体上，有一定弯曲，造成动态感。

跪姿

① 跪着的身体最好能突出曲线美，腰背的弯曲度一定要足够。

② 胸部的比例一定要足够，修好胸型和锁骨。

③ 做出头部，粘接在身体上，注意面部表情，头微仰，造成动态感。

④ 做出手臂，粘接在身体上，有一定弯曲，造成动态感。

平面经典造型

加菲猫

Jiafeimao

制作过程

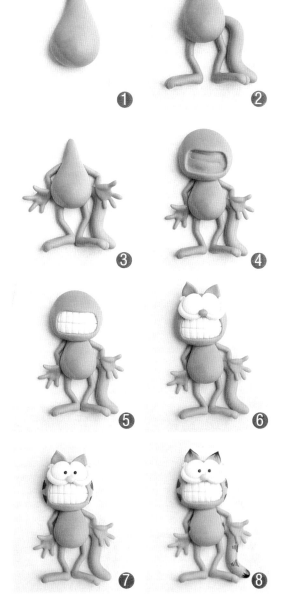

① ② ③ ④ ⑤ ⑥ ⑦ ⑧

1. 取橙色翻糖揉匀后搓成水滴形，稍微压扁一些。

2. 取橙色翻糖搓两根线条，用手整形后依次粘接在臀部，另将橙色翻糖搓成圆柱，整形后粘接在臀部后面。

3. 取橙色翻糖搓成长水滴，整出手掌形，用捏塑刀切出手指，整形后粘接在肩膀两侧。

4. 取橙色翻糖揉匀后搓成圆球，压扁后用针形棒圆头挑压出嘴巴。

5. 取小块白色翻糖搓成长条，压扁后粘贴在嘴巴中，用捏塑刀切压出牙齿。

6. 将白色翻糖搓成两个小椭圆，压扁后刷上胶水，粘贴在脸部的二分之一处；用柠檬黄色翻糖搓成两根小线条，粘接在白色眼眶两侧；取米粒大小的粉色翻糖搓成小圆球压扁后粘贴在眼睛中间；将橙色翻糖搓成水滴形，压扁后切去圆形一端，刷上胶水粘接在眼睛上方。

7. 取小块黑色翻糖搓成两个小椭圆，粘贴在白色眼眶表面；用黑色翻糖搓成小细线条，切成不同大小的小细线条，刷上胶水后粘贴在嘴巴两侧。

8. 用黑色翻糖搓成细线条，分别粘贴在身体表面。

Kitty 猫

Kitty Mao

制作过程

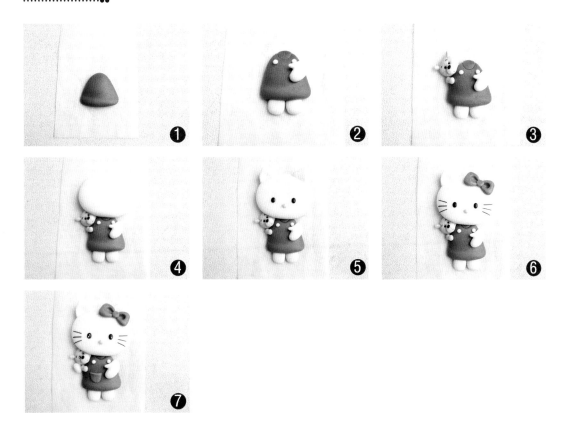

❶ ❷ ❸

❹ ❺ ❻

❼

1. 取紫粉色翻糖搓成鸡蛋形后压扁，用针形棒将鸡蛋形的底部压出衣边角。

2. 取白色翻糖搓成长条，压扁后刷上胶水，粘接在裙摆下；取白色翻糖搓成长条，压扁后用捏塑刀切出手指，在膀臂处刷上胶水后粘接上；用粉色翻糖搓两个小圆球，压扁后粘接在裙子上作为装饰。

3. 取黄色翻糖搓成圆球，压扁后用豆形棒挑出眼眶；用黑色翻糖搓两个小圆球，压扁后粘贴在眼眶中。

4. 取白色翻糖搓成圆球，压扁后粘接在脖颈处。

5. 用豆形棒在脸部挑出眼眶，用黑色翻糖搓两个椭圆形，压扁后粘贴在眼眶中；将黄色翻糖搓成椭圆形，压扁后粘贴在两眼中间；取白色翻糖搓两个相同大小的水滴形，压扁后切去圆形一端，刷上胶水后粘接在头顶两侧。

6. 将黑色翻糖搓成细长条后切出6根小胡须；取紫粉色翻糖搓成圆柱形，压扁后用豆形棒小头在两侧压出小凹槽，刷上胶水后粘贴在耳朵一侧。

7. 用白色中性蛋白霜在黑色眼球上细裱出小圆点作为高光点。

小矮人：迷糊鬼

Xiaoairen : Mihugui

难易度
Nan Yi Du
★★★

制作过程

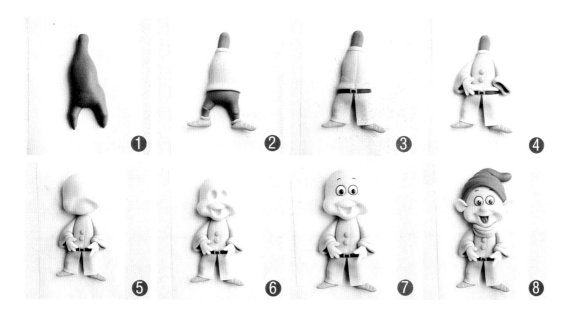

1. 取紫色翻糖搓成圆柱，稍压扁后用针形棒在一端中间位置滚压出凹槽，用手整形出腿和臀部、腰身、脖颈。

2. 取果绿色翻糖擀成薄皮后裁成长条，刷上胶水后粘贴在身体上；取黄色翻糖搓两个小椭圆，用手整形出鞋子的形状，用捏塑刀压出鞋子的线条纹路。

3. 用捏塑刀在身体一侧切出衣服缝隙，取黄色翻糖搓三个小圆球，在中间压出凹槽作为纽扣。

4. 取肉色翻糖揉匀后搓两个长条，用手整形出手臂和手掌，用捏塑刀切出指头，在膀臂一端刷上胶水后粘接在肩膀两侧。

5. 取肉色翻糖搓成椭圆，用针形棒在表面滚压出脑袋和嘴。

6. 用豆形棒在整个头的二分之一中间位置挑压出眼眶；取白色翻糖搓两个小圆球，压扁后粘贴在眼眶中间；将黑色翻糖搓成细长条后粘接在白色眼眶边缘；取黑色翻糖搓两个小圆球，压扁后粘接在白色眼球上；将肉色翻糖搓成小椭圆，刷上胶水后粘接在眼眶下中间位置，用捏塑刀在鼻子下切压出上下嘴巴。

7. 取白色翻糖搓两个小圆球，压扁后粘接在眼眶中；将黑色翻糖搓成细长条，粘接在白色眼眶边缘；取黑色翻糖搓两个小圆球，压扁后粘接在白色眼球中；取黑色翻糖搓细小的线条，刷上胶水粘接在眼睛上，或用毛笔蘸黑色色素画出细小的眉毛。

8. 取紫色翻糖搓成水滴形，压扁后用豆形棒在一端位置挑压出凹槽，刷上胶水后粘接在头顶位置，用捏塑刀切压出帽子的纹路；取肉色翻糖搓成两个小水滴形，用豆形棒小头在中心位置压出凹槽，在尖头处刷上胶水，粘接在眼睛的后两侧位置。

小矮人：开心果

Xinoairen：Kaixinguo

制作过程

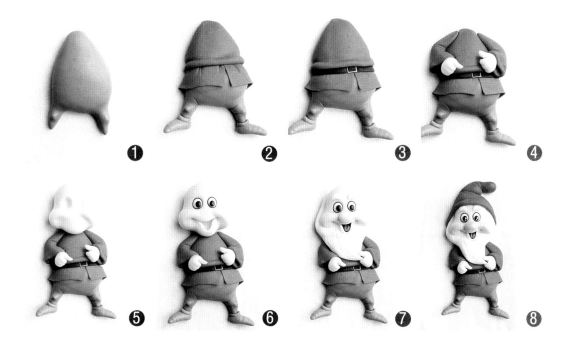

① ② ③ ④

⑤ ⑥ ⑦ ⑧

1. 取蓝色翻糖搓成鸡蛋形，用针形棒在一端位置滚压出腿和臀部，用针形棒在腿部中间位置滚压出膝盖关节。

2. 取黄色翻糖搓两个椭圆形，用手整形出鞋子形状；取暗红色翻糖擀成薄皮后裁成长条，刷上胶水后粘贴在身体上，用捏塑刀切出衣服纹路。

3. 将黑色翻糖裁成长条粘接在腰部。

4. 取暗红色翻糖搓两个水滴形，压扁后用豆形棒在一端位置挑压出凹槽，用捏塑刀在衣袖上压出纹路线条；取肉色翻糖搓两个水滴，压扁后用捏塑刀切压出指头，在手臂位置刷上胶水后粘接在衣袖里。

5. 取肉色翻糖揉匀后搓椭圆形，用针形棒滚压出脑袋和嘴巴，用豆形棒小头在脸部的二分之一处挑压出眼眶。

6. 取白色翻糖搓两个椭圆，压扁后粘接在眼眶中；取黑色翻糖搓成细长条粘接在眼眶边缘；取黑色翻糖搓两个小椭圆形，压扁后粘接在白色眼球中，用捏塑刀在下巴处切压出嘴巴。

7. 用黑色翻糖搓椭圆形，压扁后刷上胶水粘接在嘴巴里；用红色翻糖搓小圆球，压扁后粘接在嘴巴内，用捏塑刀在红色翻糖上切压出舌头纹路；用白色翻糖搓一个水滴形，用手在一端位置捏两个小长条，压扁后粘接在嘴巴下边缘，用捏塑刀在表面切压出胡须；取白色翻糖搓两个小椭圆形，压扁后粘接在眼睛上，用捏塑刀在表面切压出小线条纹路。

8. 取橙黄色翻糖搓水滴形，用针形棒在中心位置挑压出凹槽，刷上胶水后粘接在头顶，用捏塑刀在帽子表面切压出皱纹；在脸部两侧和鼻头位置刷上红色珠光粉；用白色蛋白霜在黑色眼球上挤出白色小圆点作为高光。

小矮人：爱生气

难易度
Nan Yi Du
★★★

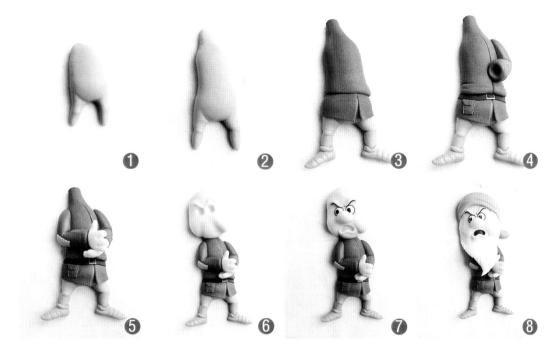

1. 取淡紫色翻糖搓成鸡蛋形，压扁后用针形棒在身体的三分之一处滚压出凹槽，用手整形出腿，用针形棒尖头压出腿部膝盖。

2. 用手捏压出脖颈和腰身，用捏塑刀在大腿两侧切压出身体纹路。

3. 用暗红色翻糖擀成薄皮，刷上胶水后粘接在身体上，用捏塑刀切出衣缝；取黄色翻糖搓成两个小水滴形用手整出鞋形，用捏塑刀切压出鞋子纹路。

4. 将黑色翻糖擀成细长条，刷上胶水后粘接在腰上；用黄色翻糖搓成小细长条，粘接在皮带上作为皮带扣；取暗红色翻糖搓成长条，用豆形棒小头在一端处压出凹槽，在另一端刷上胶水粘接在肩膀处，用捏塑刀在身体上切压出衣服的皱纹。

5. 用肉色翻糖搓成水滴形，压扁后用捏塑刀切出指头，在袖口内刷上胶水后粘接上手臂。

6. 取肉色翻糖搓成椭圆，用针形棒在椭圆中间二分之一处滚压出脸部轮廓，用豆形棒小头挑压出眼眶，用针形棒在脸部压出脸部下巴和眉骨。

7. 取肉色翻糖揉匀后搓圆球，刷上胶水后粘接在眼睛下中间位置；取白色翻糖搓两个不同大小的圆球，压扁后粘接在眼眶中；用黑色翻糖搓一个细长条粘接在眼眶边缘，将剩余的黑色线条刷上胶水后粘接在眉骨处，用豆形棒挑压出嘴巴。

8. 用针形棒在水滴形的大头压出凹槽，刷上胶水后粘接在头顶，用捏塑刀在帽子表面压出皱纹；取黑色翻糖搓成椭圆形，压扁后粘接在嘴巴内；取白色翻糖搓成水滴形，用手将水滴大头处捏出两个小长条，压扁后粘接在嘴巴下边缘处，用捏塑刀切压出胡须。

维尼熊

Weinixiong

制作过程

❶

取出橙色翻糖揉匀后搓成水滴形，压稍扁一些。

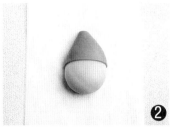

❷

将红色翻糖擀成薄皮后裁成长方形，刷上胶水粘贴在身体的二分之一位置。

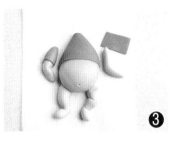

❸

用橙色翻糖搓成长条后切两对长短相同的四肢；将红色薄皮粘贴在胳膊的上肢位置作为衣袖。

❹

取一块橙色翻糖揉匀后搓成圆球。

❺

将圆球放在左手掌心位置，用针形棒横放在圆球二分之一位置左右滚压后用手整形，用豆型小头压出眼眶后用捏塑刀切出嘴角。

❻

用咖啡色翻糖压成薄皮，裁成长条，刷上胶水后粘贴在头部作为帽子。

❼

用蓝色翻糖搓成两个相同大小的圆球，压扁后粘贴在帽子边缘位置作为眼镜；用黑色翻糖搓两个相同大小的圆球，压扁后粘接在眼眶中，再取一小块黑色翻糖搓成圆球后粘接在鼻尖处。

❽

将白色翻糖擀成薄皮，用捏塑刀裁成长条对折后粘接在脖颈位置。

Tiaotiaohu

制作过程

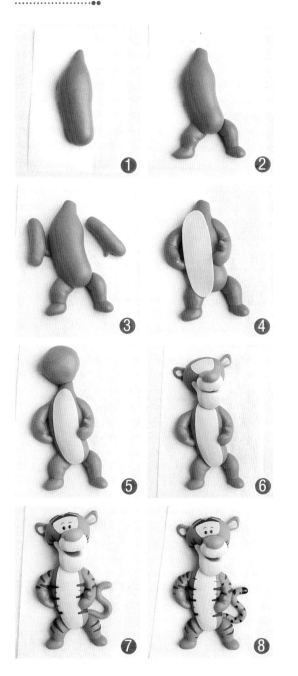

1. 取一块橙色翻糖揉匀后搓成长水滴形，稍微压扁一些。

2. 用橙色翻糖搓成长条，切出两根相同大小的长条，整形成下肢后粘接在身体下方。

3. 在搓好的长条上切出两个相同长短的长条，整形成上肢后依次粘接在上肢部位。

4. 将肉色翻糖擀成薄皮后用捏塑刀裁出椭圆形，刷上胶水粘贴在肚皮位置。

5. 取一块橙色翻糖揉好后搓成圆球粘接在脖颈处，大小是身体的三分之一。

6. 将肉色翻糖搓成圆柱，用刀切出上小下大的嘴巴；将肉色翻糖擀成薄皮后裁成小长方形，刷上胶水后粘贴在嘴巴上方；取两个相同大小的橙色翻糖搓成小水滴形，用豆形棒在中心压出凹槽，双色相贴后尖头在内，粘接在眼眶后两侧；取一小块粉色翻糖搓成椭圆形，压扁后粘贴在嘴巴中心位置。

7. 将黑色翻糖擀成薄皮后用刀片裁出大小不一的小长三角形，刷上胶水后依次粘贴在身体上；用黑色翻糖搓两个相同大小的圆点，压扁后粘贴在眼眶中，眉毛可以用勾线笔画出细线条。

8. 尾巴和身体上的黑色细线条可以用勾线笔绘画。

109

蓝精灵

Lanjingling

制作过程

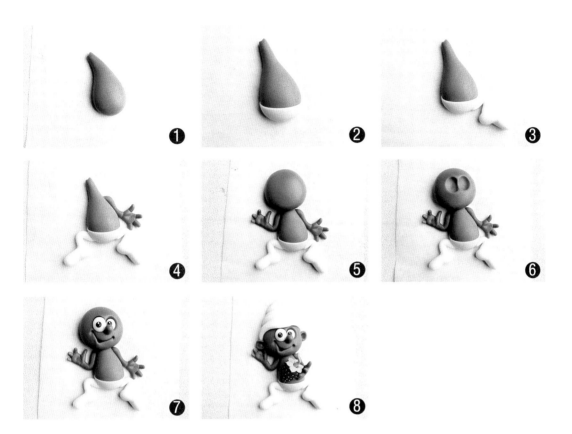

❶ ❷ ❸ ❹ ❺ ❻ ❼ ❽

1. 将蓝色翻糖揉匀，搓成水滴形后压扁。

2. 用白色翻糖擀成薄皮后裁成长条，刷上胶水粘贴在臀部。

3. 将白色翻糖搓成长条，用手整形出腿部，刷上胶水粘接在臀部两侧。

4. 将蓝色翻糖搓成长条，压扁一端后用刀切出指头，在肩膀一端刷上胶水后粘接在肩膀两侧。

5. 取蓝色翻糖搓成圆球，压扁后粘接在脖颈处。

6. 用豆形棒小头在头部二分之一处挑压出眼眶。

7. 取白色、黑色翻糖搓成两对不同大小的圆球，压扁后依次粘贴在眼眶中；用蓝色翻糖搓一个小水滴形，刷上胶水粘接在眼眶下中间位置，用捏塑刀在鼻子下切压出嘴角；用白色中性蛋白霜在黑色眼球上挤出小圆点作为眼球高光。

8. 取白色翻糖搓成水滴形，压扁后用豆形棒头压出凹槽，刷上胶水后粘接在头顶处；取蓝色翻糖搓成两个小水滴形，用豆形棒小头压出凹槽，刷上胶水后粘接在眼睛后两侧；将红色翻糖搓成鸡蛋形后牙签压出小洞；用绿色翻糖擀成薄皮后，用树叶模压出，刷上胶水粘接在草莓根部。

111

蓝爸爸

Lanbaba

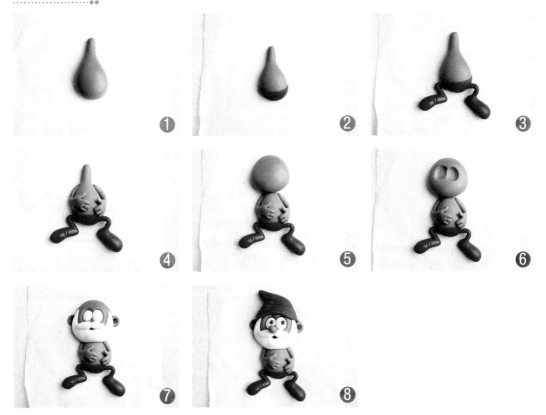

1. 用蓝色翻糖搓成水滴形，稍微压扁一些。

2. 用红色翻糖擀成薄皮后裁长条，刷上胶水后粘接在臀部。

3. 将红色翻糖搓成长水滴形，用手整形出腿和脚；将蓝色翻糖搓成长水滴形，圆头处用手压扁，用捏塑刀切出手指，在胳膊上刷胶水后粘接肩膀两侧。

4. 用蓝色翻糖揉匀后搓成圆球，压扁后粘接在脖颈处。

5. 用蓝色翻糖捏出头部。

6. 用豆形棒小头在脸部二分之一中间位置挑压出眼眶。

7. 取蓝色翻糖搓两个小水滴形，用豆形棒小头压出凹槽，在尖头处刷上胶水后依次粘接在眼睛后两侧；取白色翻糖搓两个不同大小的椭圆形，压扁后刷上胶水粘接在眼眶中；将白色翻糖搓两个小水滴形压扁，用捏塑刀切压出胡须；取白色翻糖搓成长条（中间粗两头细），压扁后刷上胶水粘接在脸部边缘处，用捏塑刀切压出胡须线条。

8. 将红色翻糖揉匀后搓成鸡蛋形，压扁后用豆形棒在鸡蛋的大头处压出凹槽，刷上胶水后粘接在头顶处，用捏塑刀在帽子上切压出布纹。取蓝色翻糖搓成小水滴，粘接在眼睛下中间处；用黑色翻糖搓两个椭圆形，压扁后依次粘接在白色眼球上；用黑色翻糖搓成细长条，粘接在眼眶边缘。

丑小鸭

Chouxiaoya

制作过程

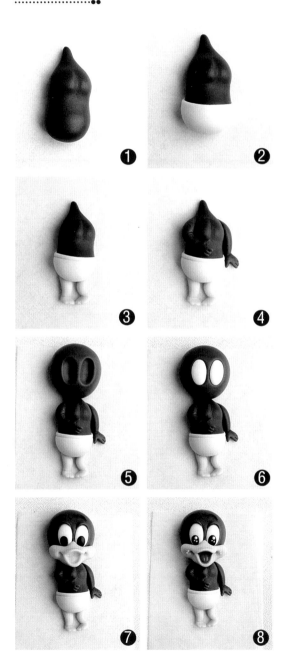

❶ ❷ ❸ ❹ ❺ ❻ ❼ ❽

1. 取灰色翻糖搓成椭圆形，用针形棒在身体表面擀压出胸部和腰、臀部。

2. 取白色翻糖擀成薄皮后刷上胶水，粘接在臀部位置。

3. 取黄色翻糖分别搓成两个长条，用手整形出腿和脚，用捏塑刀在脚上切出脚趾。

4. 取灰色翻糖搓两个相同大小的长条，用手整形出手臂和手掌，用捏塑刀在手掌表面切压出手指，在接口处刷上胶水后粘接在肩膀两侧。

5. 取灰色翻糖搓一个圆球，压扁后用豆形棒小头在头部的二分之一处挑压出椭圆形眼眶，将头粘接在脖颈处。

6. 取白色翻糖搓两个相同大小的椭圆形，压扁后刷上胶水粘接在眼眶中。

7. 用黑色翻糖搓两个小椭圆形，刷上胶水后依次粘接在白色眼球上；取黑色翻糖搓两个小细线条分别粘接在眼睛上；取黄色翻糖搓成椭圆形后用针形棒滚压出鼻梁和上下嘴唇，接着用针形棒尖头在嘴巴两侧位置挑压出嘴角，在反面刷上胶水后粘贴在眼睛下。

8. 取暗红色翻糖搓出椭圆形，压扁后粘接在嘴巴内；用红色翻糖搓小椭圆形，压扁后粘接在嘴巴里，用捏塑刀在红色翻糖皮中间位置切压出一根细线条；取白色中性蛋白霜在黑色眼球中挤出不同大小的小圆点，作为高光。

灰太狼

难易度
Nan Yi Du
★★★

Huitailang

制作过程

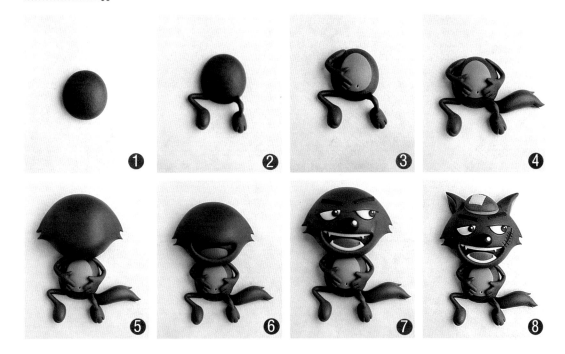

1. 取灰色翻糖揉匀后搓成圆球压扁。

2. 取灰色翻糖搓成长水滴形，用手将水滴压扁，用捏塑刀在角头位置切压出脚趾，在接口处刷上胶水后粘接在臀部位置。

3. 将淡灰色翻糖搓成鸡蛋形，压扁后刷上胶水粘接在肚皮上，用针形棒在肚皮下中间位置挑压出小肚脐眼；取灰色翻糖搓成长水滴形，在一端圆头位置用手压扁后取捏塑刀切压出手指头，在接口位置刷上胶水后粘接在肩膀两侧。

4. 取灰色翻糖搓成水滴形后用捏塑刀切出小毛边。取灰色翻糖揉匀后搓成圆球，压扁后用手在两

5. 侧位置捏弯，用剪刀在头部两侧剪出头发。用豆形棒在头部三分之一位置挑压出嘴巴，

6. 取黑色翻糖揉匀后搓成椭圆形，压扁后刷上胶水粘接在嘴巴内；用红色翻糖搓成椭圆形，压扁后粘接在嘴巴里。

7. 取白色翻糖搓成两个小水滴形，压扁后刷上胶水粘接脸部的二分之一位置；将黑色翻糖搓成两个小圆球，压扁后粘接在白色眼球中；将黑色翻糖擀成薄皮后用刀切出小长条，粘接在眼睛上两侧，接着将黑色翻糖搓细长条，依次粘接在白色眼球边缘作为眼线；取白色翻糖擀成薄皮后粘接在嘴巴里，用捏塑刀裁出牙齿；取黑色翻糖搓一个小椭圆，稍压扁后粘接在眼睛和嘴巴中间；取白色中性蛋白霜在黑色眼球上挤出不同大小的小圆点，作为眼球高光。

8. 取灰色翻糖搓两个小水滴形，在中间挑压出凹槽，刷上胶水，将水滴耳朵粘接在眼睛后两侧位置；取红色翻糖搓成椭圆形，压扁后刷上胶水粘接耳朵中间位置；将黄色翻糖擀成薄皮后粘接在帽子一侧位置。

小灰灰

Xiaohuihui

难易度
Nan Yi Du
★★★

制作过程

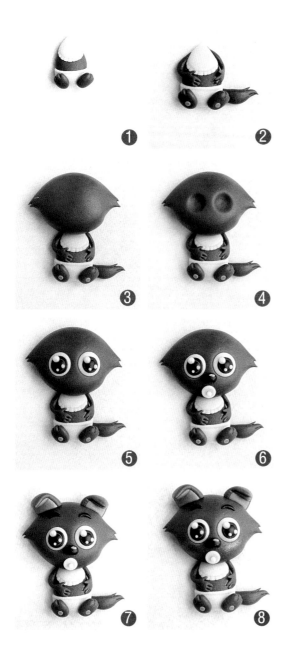

① ② ③ ④ ⑤ ⑥ ⑦ ⑧

1. 取灰色翻糖揉匀后搓成椭圆形，稍压扁后取白色翻糖擀成薄皮，用刀裁出所需要的形状，刷上胶水后粘接在身体上；取灰色翻糖搓成椭圆形，压扁后用捏塑刀在脚上切压出脚趾，刷上胶水粘接在肚皮上。

2. 取灰色翻糖搓两个细长条，用手在一端位置压扁后用捏塑刀切压出手指头，刷上胶水后依次粘接在肩膀两侧；取灰色翻糖搓长水滴形，用刀切出小细毛，刷上胶水后粘接尾巴位置。

3. 取灰色翻糖搓成圆球后稍微压扁，用手在两侧位置压薄，用剪刀在两侧位置剪出毛发。

4. 用豆形棒小头在脸部的二分之一中间位置挑压出眼眶。

5. 取白色翻糖搓成两个小圆球，压扁后刷上胶水粘接在眼眶中；将黑色翻糖搓两个小圆球，压扁后刷上胶水粘接在白色眼球上；将白色中性蛋白霜在黑色眼球上挤出不同大小的圆点，做出眼睛高光点。

6. 取黑色翻糖搓成椭圆形，刷上胶水后粘接在眼睛下中间位置；取白色中性蛋白霜在鼻头上挤出小细条作为高光；取白色翻糖搓一个小圆球，压扁后粘接在鼻子下；取白色翻糖搓小水滴，刷上胶水后粘接在中间位置作为奶嘴。

7. 用灰色翻糖搓两个小细线条，粘接在两个眼睛上；将灰色翻糖搓两个水滴形压扁，再取淡灰色翻糖搓成小水滴压扁，依次粘接大水滴上，用捏塑刀切出一个小直面，刷上胶水后粘接在眉毛后两侧。

8. 用红色珠光粉在眼睛下方两侧位置刷上腮红。

机器猫

Jiqimao

制作过程 ••

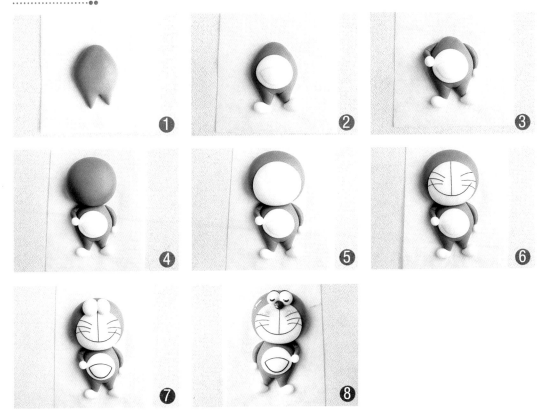

1. 取蓝色翻糖搓成鸡蛋形，压扁后用捏塑刀在一端位置切出一个小三角，用手修饰圆滑。

2. 取白色翻糖搓两个小水滴形，在尖头位置用豆形棒小头挑压出凹槽，刷上胶水粘接在小腿上；取白色翻糖擀成薄皮后用圈模压出所需要的圆，在反面刷上胶水后粘接在肚皮上，在剩余的薄皮上用捏塑刀裁出小口袋，刷上胶水后粘接在白色肚皮上，用捏塑刀在大腿内侧切压出轮廓线条。

3. 取蓝色翻糖搓两个小长条后用手和捏塑刀整形出手臂，在接口位置刷上胶水后粘接在肩膀两侧；取白色翻糖搓两个小圆球，刷上胶水后分别粘接在小手臂上。

4. 用蓝色翻糖搓成圆球，压扁后刷上胶水粘接在脖颈处。

5. 取白色翻糖搓成圆球，压薄后在反面刷上胶水，粘接在头部偏下位置。

6. 取黑色翻糖搓一根细小的线条，用捏塑刀裁出不同长短的线条，分别粘贴在白色翻糖皮上，表面黑色线条也可以用毛笔绘画。

7. 取白色翻糖搓两个不同大小的椭圆形，压扁后刷上胶水粘贴在脑袋位置，将搓好的黑色细线条粘贴在肚皮口袋边缘处。

8. 取红色翻糖搓成圆球，压扁后粘接在眼睛下中间位置；用黑色翻糖搓两个细小的线条，分别粘接在白色眼球表面偏下位置；用红色珠光粉在嘴角上两侧位置刷上腮红；取白色中性蛋白霜在鼻头位置挤出高光；用白色中性蛋白霜在头顶一侧位置挤出线条高光。

机器猫2

Jiqimao 2

难易度 Nan Yi Du ★★★

制作过程

1. 取蓝色翻糖揉匀后搓成鸡蛋形，一侧稍压扁。

2. 取蓝色翻糖揉匀后搓成圆球，压扁粘贴在脑袋上。

3. 将白色翻糖揉匀后擀成薄皮，用小号圈模压切后取出小圆，刷上胶水后粘贴在脸部的三分之二位置。

4. 将黑色翻糖搓成细线条，裁出所需要的细线条，依次分别粘贴在脸部；将白色翻糖搓成圆球粘接在脚上。

5. 取两个相同大小的白色翻糖搓成椭圆形，压扁后刷上胶水粘贴在脑门上。

6. 取黑色翻糖搓成细长条，围绕粘接在白色眼球周围；取相同大小的黑色翻糖搓成椭圆形，刷上胶水粘贴在白色眼球上；取红色翻糖搓成圆球粘接在眼眶中心作为鼻子。

7. 取蓝色翻糖搓成两条长度1厘米左右圆柱做手臂，将手臂的一端涂上胶水粘到头部的下方；取白色翻糖搓成两个小圆球，粘到圆柱的另一端做手部。

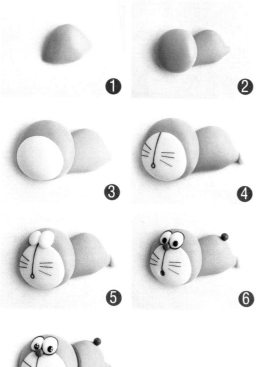

① ② ③ ④ ⑤ ⑥ ⑦

比卡丘

Bikaqiu

① ② ③ ④
⑤ ⑥ ⑦ ⑧

制作过程

1. 取出黄色翻糖揉匀后搓成椭圆形，用针形棒棒对准椭圆型的二分之一处左右滚压出脖颈，借用针形棒在臀部位置的二分之一处压出凹槽。

2. 用豆形棒挑压出嘴巴，用针形棒擀压处鼻子肌肉。

3. 用咖啡色翻糖搓成水滴形，压扁后粘贴在嘴巴内；取粉色翻糖搓成小水滴型压扁后刷上胶水后粘贴在嘴巴内。

4. 取红色、黑色翻糖分别搓两个小圆球，压扁后刷上胶水，粘贴在眼眶中和嘴角两侧。

5. 将黄色翻糖擀成薄皮后裁出小尾巴，粘接在身体后，将白色中性蛋白霜挤在黑色眼球上作为高光。

6. 取小块黄色翻糖揉匀后搓成小水滴形，压扁后刷上胶水粘贴在肩膀两侧。

7. 取两个相同大小黄色翻糖搓成水滴形，稍微压扁一些后，刷上胶水粘接在眼睛后两侧位置。

8. 用翻糖专用黑色色素将耳朵尖头位置刷上颜色。

布偶

难易度 Nan Yi Du ★★★

Buou

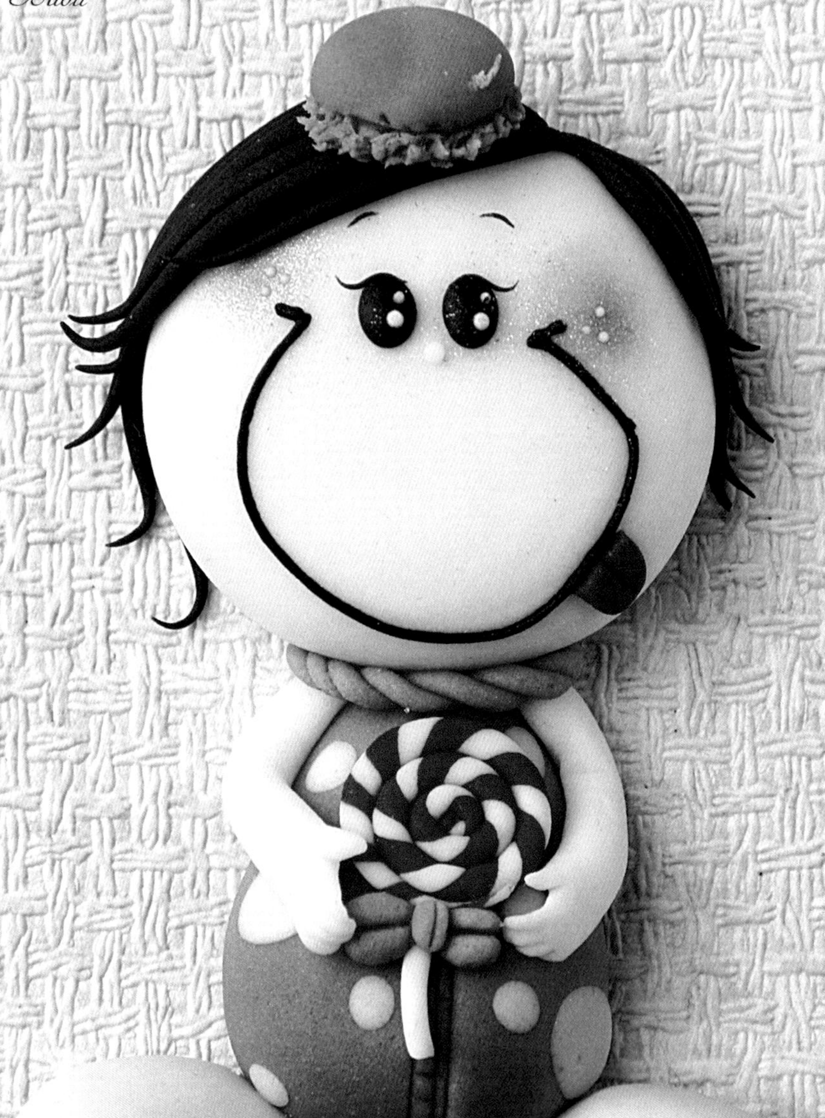

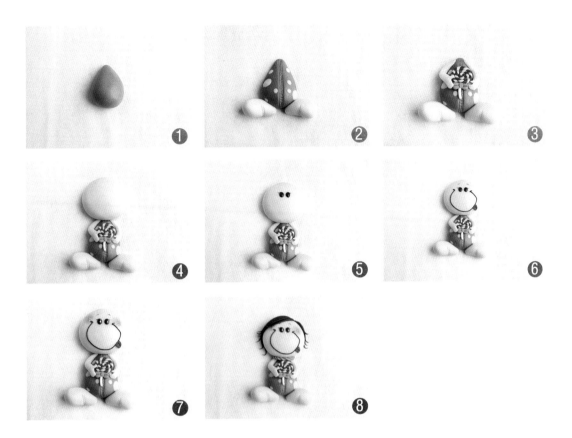

1. 取小块咖啡色翻糖搓成水滴形，稍微压扁一些。

2. 用蓝色翻糖搓两个相同大小的水滴形，呈一字型粘接摆放在身体下方；用蓝色翻糖搓成不同大小的小圆点，压扁后依次粘接在身体上。

3. 将红色翻糖搓成细长条后卷成圆形粘接在肚子上；取出肉色翻糖搓成长条，裁成长短一致的两根长条，整形成胳膊后粘接在肩膀两侧。

4. 取一块肉色翻糖揉匀后搓成圆球，压扁后粘接在脖颈位置。

5. 将黑色翻糖搓成两个相同大小的小圆球，压扁后粘接在脸部的三分之一处。

6. 将黑色翻糖搓成细长条后粘贴在脸部作为嘴巴；将红色翻糖搓成小圆，压扁后用捏塑刀压出切口粘贴在嘴巴一侧，眉毛和眼角可以用勾线笔细裱。

7. 用红色珠光粉刷在眼角两侧。

8. 取黑色翻糖揉匀后搓成不同长短的长条作为头发，依次粘贴在头上。

125

玩偶
Wanou

难易度
Nan Yi Du
★★★

制作过程

❷

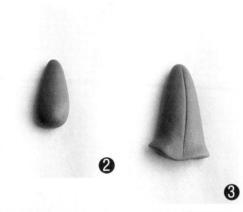

❸

❹

❺

❻

❼

❽

❾

1. 事先备好调好颜色的翻糖和捏塑棒。

2. 取小块咖啡色翻糖揉匀后搓成水滴形。

3. 将水滴形压扁后用捏塑刀在中心位置切出长线条。

4. 取相同大小的橙色翻糖揉匀后搓成水滴形，大头在外，尖头粘接在衣服内；取红色翻糖搓成小圆球，用彩针头压扁，用彩针或牙签在钮扣中间压出4个小眼。

5. 用肉色翻糖搓成长条，整形成胳膊后粘接肩膀两侧；取果绿色翻糖搓成圆球，压扁后粘接在两手之间；用白色翻糖搓成圆球，压扁后粘接在猪头中心位置，装饰成小猪。

6. 取肉色翻糖揉匀后搓成圆球，压扁后粘接在脖颈位置。

7. 用豆形棒小头对准头部的三分之一处压出眼眶，取两块相同大小的圆球压扁后粘接在眼眶中。

8. 将黑色翻糖搓成水滴形，压扁后用捏塑刀压出帽子纹路，帽檐用手捏薄即可。

9. 取小块黑色翻糖搓成细长条粘接在脸部，作为嘴巴，眼角和眉毛可以用勾线笔绘画；取蓝色翻糖搓出长短不一的细长条作为头发，依序粘接在头部。

草莓女生

Caomei Nüsheng

难易度
Nan Yi Du
★ ★ ★

制作过程

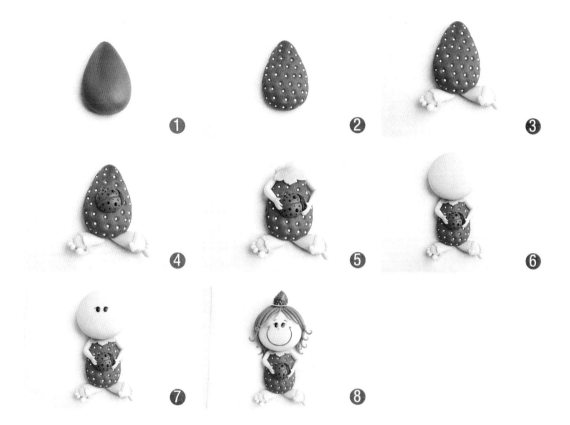

① ② ③ ④ ⑤ ⑥ ⑦ ⑧

1. 取红色翻糖揉匀后搓成鸡蛋形，压扁。

2. 用最小的球形棒在表面挑压出小凹槽，取黄色蛋白霜在凹槽中挤出小圆点。

3. 取肉色翻糖搓两个水滴形和不同大小的小圆球，刷上胶水后粘接脚掌；取黄色翻糖搓成椭圆形，压扁后粘接在脚掌底部。

4. 取红色翻糖搓圆球，压扁后用捏塑刀在表面切压出线条纹路；取黑色翻糖搓成椭圆形，压扁后刷上胶水，粘接半圆的一端；取黑色翻糖搓不同大小的圆球，压扁后粘贴在表面。

5. 取果绿色翻糖擀成薄皮，用花卉压模压出花瓣，刷上胶水后粘贴在脖颈处；用肉色翻糖搓成长条，切成两条，整形出手臂后将另一

端压扁，用捏塑刀切出手指头，在膀臂一端位置刷上胶水后粘接在身体肩膀两侧。

6. 用肉色翻糖揉匀后搓成圆球，压扁后粘接在脖颈处。

7. 取黑色翻糖搓成椭圆形，压扁后粘接在头部的二分之一中间处，用黑色翻糖搓细小的小线条，刷上胶水后粘接在眼睛上眼线位置。

8. 取橙色翻糖揉匀后搓细长条，将一端尖头位置卷起后依次刷上胶水，粘接在头顶位置；取红色翻糖搓一个小鸡蛋形；用果绿色翻糖擀成薄皮后依次粘接在头顶处，表面用黄色蛋白霜挤出小圆点作为装饰；用白色蛋白霜在黑色眼球表面挤出小圆点作为高光。

少女初心

Shaonv Chuxin

制作过程

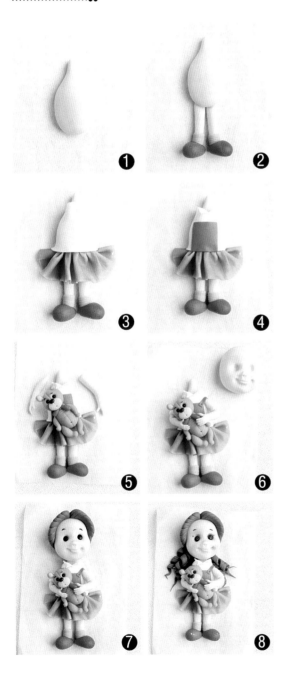

❶ ❷ ❸ ❹ ❺ ❻ ❼ ❽

1. 取肉色翻糖揉匀，搓成水滴形后稍压扁。

2. 取肉色翻糖搓成长条，切两个相同大小的小长条；用紫色翻糖擀成薄皮后粘贴在小腿处；用红色翻糖搓两个小水滴，小头压扁粘接在脚踝处。

3. 将蓝色翻糖擀成薄皮后裁成长条，用手折叠出裙子褶皱，刷上胶水后粘贴在腰部；将白色翻糖擀成薄皮后裁成长条，刷上胶水后粘贴在身体上。

4. 将蓝色翻糖擀成薄皮，裁成方形后刷上胶水粘贴在肚皮上。

5. 用肉色翻糖搓成长条，裁出相同长短，用手修饰后做成胳膊，刷上胶水粘接在肩膀两侧；取咖啡色翻糖分别搓两个圆球，压扁后粘贴在女孩身体上，装饰成小熊。

6. 取肉色翻糖揉匀后搓成圆球，用针形棒在圆球表面的二分之一处左右压滚出脑门和脸部，选用豆形棒小头挑出眼眶，用捏塑刀切出上下嘴唇。

7. 取黑色翻糖搓成两个相同大小的小圆球，压扁后粘贴在眼眶中；取芝麻大的黑色翻糖搓成小线条粘贴在眼睛上方作为眉毛装饰；用咖啡色翻糖搓成椭圆形，压扁后用捏塑刀切划出发丝。

8. 用咖啡色翻糖搓成长条，压扁后用捏塑刀切划出发丝，依次刷上胶水粘接在脖颈后。

幼女
Youno

难易度
Nan Yi Du
★★★

制作过程

❶

将橙色翻糖揉匀后搓成鸡蛋形，压扁后用手整成三角形。

❷

将巧克力色翻糖擀成薄皮后裁成细长条，刷上胶水后依次粘贴在身体上；取肉色翻糖搓成细长条，刷上胶水粘接在裙子下。

❸

取巧克力色翻糖搓成水滴形，压扁后用捏塑刀切出鞋子线条纹路。

❹

取肉色翻糖搓两条相同长短的线条，用捏塑刀在一端压扁后切出手指，在肩膀处刷上胶水后粘接在身体上；取红色翻糖搓成两个相同大小的圆球，压扁后粘接在膝盖上。

❺

取肉色翻糖搓成鸡蛋形，压扁后用豆形棒在脸部二分之一处挑出眼眶，用捏塑刀切出上下嘴巴；取红色翻糖搓两个小圆点，压扁后粘贴在手臂关节处。

❻

用白色和黑色翻糖分别搓两个不同大小的圆球，压扁后粘接在眼眶中；取肉色翻糖搓两个小水滴，用豆形棒在圆球中心压出凹槽，小水滴尖头刷上胶水粘接在眼睛两侧。

❼

取黑色翻糖搓两个水滴形，压扁后用捏塑刀切出发丝，刷上胶水粘贴在头部脑袋上。

圣诞老人

制作过程

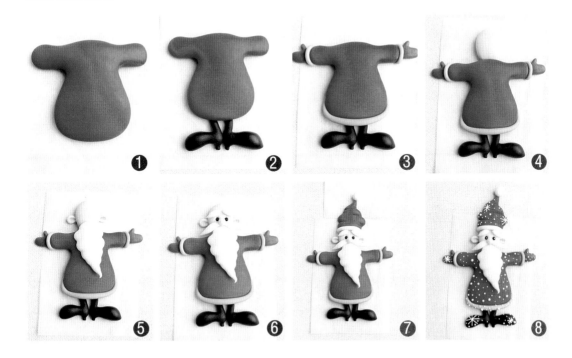

1. 将红色翻糖揉匀后搓成圆柱形，压扁后用针形棒压擀出两个手臂。

2. 取两个相同大小的黑色翻糖搓成水滴形，用针形棒压擀出鞋帮和鞋跟，稍微压扁后粘接在身体下方。

3. 将淡绿色翻糖搓成细长条，刷上胶水后粘接在衣服边缘；取两小块墨绿色翻糖搓成水滴形，压扁后用捏塑刀切出大拇指，用手修整光滑圆润，刷上胶水粘接在衣袖位置。

4. 取一块肉色翻糖揉匀后搓成圆球，稍微压扁后刷上胶水粘接在脖颈处。

5. 取两块相同大小的肉色翻糖搓成小水滴形，用豆形棒小头对准水滴形中心压扁，粘接在头部两侧；取一块白色翻糖搓成水滴形，压扁后用针形棒修出胡须纹路，刷上胶水粘贴在圣诞老人嘴巴位置。

6. 将豆形棒小头对准整个头部的二分之一位置压挑出眼眶，取两小块黑色翻糖搓成椭圆形，压扁后粘贴在眼眶中；用白色翻糖分别搓两对相同大小的水滴形，压扁后依次粘贴在眼眶上方和胡须上两侧位置；将肉色翻糖搓成小水滴粘接在小胡须的中心位置。

7. 取一块红色翻糖搓成水滴形，压扁后粘接在老人头顶位置；将白色翻糖搓成小圆球粘接在帽子尖头处，帽子褶皱可以用捏塑刀切出。

8. 用白色中性蛋白霜在衣服表面挤出小圆点作为雪花装饰。

手套雪人

Shoutao Xueren

制作过程

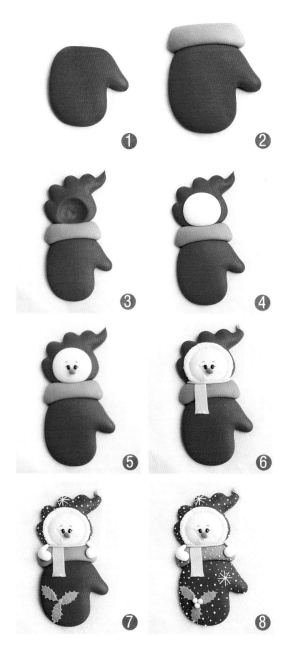

1. 取红色翻糖揉匀后用手整形出手套形状。

2. 取墨绿色翻糖搓成小长条，压扁后用捏塑刀整形出四个角。

3. 取红色翻糖搓水滴形，压扁后用针形棒在边缘处整出弧形，用豆形棒大头在表面挑压出头部轮廓。

4. 取白色翻糖揉匀后搓圆球，压扁后刷上胶水，粘接在头部轮廓中。

5. 取黑色翻糖搓两个小椭圆形，压扁后粘接在头部二分之一中间位置；取黑色翻糖搓四个细小的线条，分别粘接在眼线和眉毛位置；取橙色翻糖搓成小水滴形，将一边刷上胶水后粘接在眼睛中间位置。

6. 取白色翻糖搓一根小长条用牙签在线条表面挑扎出毛边；取白色翻糖搓一个小圆球，粘接在帽子的顶部后用牙签挑扎出毛边，用捏塑刀在鼻子下切压出嘴巴，取黄色翻糖擀成薄皮后裁长条，刷上胶水后粘接在脖颈处。

7. 用白色中性蛋白霜在帽子表面细裱出雪花线条纹路；取白色翻糖搓两个椭圆形，压扁后用捏塑刀切出指头，刷上胶水后依次粘接在手套两侧；将墨绿色翻糖擀成薄皮后用相应的树叶模压出树叶，刷上胶水后粘接在手套下侧一角。

8. 取黄色翻糖搓三个小圆球，依次刷上胶水粘贴在树叶中间，用白色中性蛋白霜在手套表面细裱出雪花和不同大小的圆点。

137

小丑

Xiaochou

制作过程 ●●

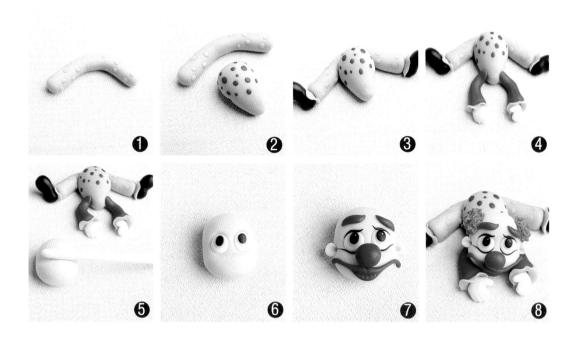

① ② ③ ④

⑤ ⑥ ⑦ ⑧

1. 蓝色翻糖揉匀后搓成长条，取小块黄色翻糖搓成不同大小的小圆点，压扁粘贴在长条上。

2. 取绿色翻糖揉匀后搓成鸡蛋形，用红色翻糖搓成不同大小的小圆点，压扁后粘贴在鸡蛋形身体上。

3. 将黄色翻糖搓成圆球，擀薄后粘贴在裤脚边缘，取两个相同大小的圆球搓成水滴形后用手整形成鞋，粘接在裤脚处。

4. 取红色翻糖揉匀后搓成长条，稍压扁后粘贴在肩膀两侧；将黄色翻糖搓成圆球，压成薄皮后粘贴在袖口处；将肉色翻糖搓成水滴形后压扁，用捏塑刀切出大拇指，修圆后粘接在袖口中。

5. 取一块肉色翻糖揉匀后搓成圆球，用针形棒对准圆球二分之一处左右压滚，用手将压纹处修整圆滑，区分出脑袋和脸部。

6. 用豆形棒小头在脸部二分之一处挑压出眼眶，用白色翻糖搓两个相同大小的圆球压扁后粘贴在眼眶中；用蓝色、黑色翻糖分别搓成相同大小的椭圆形，分别粘贴在白色眼球上。

7. 将黑色翻糖搓成细长条呈牙签状，刷上胶水后粘贴在眼眶上下；取红色翻糖搓成米粒大小，压扁后刷上胶水粘贴在眼睛上方；用红色翻糖搓成圆球，刷上胶水后粘贴在脸部中心位置；将红色翻糖搓成长条，借用捏塑刀修整成小丑嘴巴后，刷上胶水粘贴在鼻子下方；取出两个相同大小的肉色翻糖搓成水滴形，用豆形棒小头对准水滴中心位置压出凹槽，粘接在耳朵后两侧。

8. 取黄色翻糖搓成椭圆形，刷上胶水后粘贴在脑袋两侧，用牙签挑出毛边。

萌老鼠
Menglaoshu

制作过程

① 用灰色翻糖搓成鸡蛋形，同时搓两个小圆球，果绿色翻糖搓成圆形后压扁备用。

② 将小圆球用豆形棒压出凹槽，再搓两个黄色小圆球压扁，刷上胶水后粘贴成耳朵。

③ 将小圆用刀切出一个直角面，刷上胶水后将耳朵粘接在鸡蛋形小头的两侧。

④ 取黑色翻糖搓成两个小圆球，压扁后刷上胶水，粘贴在鸡蛋形的二分之一中间位置。

⑤ 将粉色翻糖搓两个小圆，压扁后依次粘贴在眼睛下两侧；取黄色翻糖搓成圆形，压扁后刷上胶水粘贴在眼睛中间位置。

⑥ 将黄色翻糖擀成薄皮后用不锈钢模压出花瓣。

⑦ 将压好的花瓣刷上胶水，粘贴在圆球表面。

⑧ 取白色翻糖搓不同大小圆，压扁后粘贴在黑色眼球上作为高光，然后粘接在底座上即可。

奶牛

Nainiu

制作过程

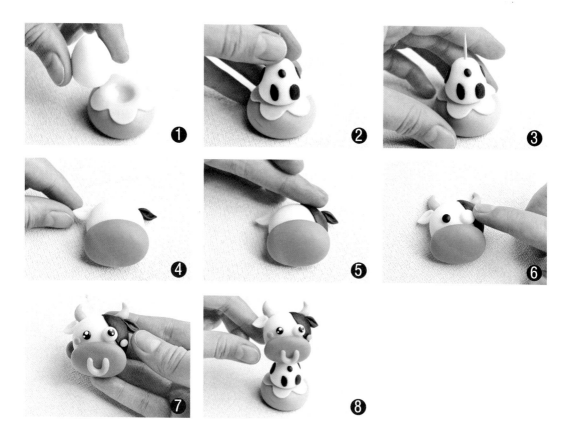

1. 取白色翻糖搓成鸡蛋形，粘接在事先做好的底座上。

2. 将黑色翻糖搓成不同大小的椭圆，压扁，刷上胶水后粘贴在主体上。

3. 将牙签扎在主体中，起到支撑的作用。

4. 取白色翻糖搓成鸡蛋形，将小头压扁，将橙色翻糖搓成椭圆，压扁后刷上胶水粘接在头部的二分之一以下位置，用白色、黑色翻糖分别搓成两个相同大小的水滴形，用针形棒在表面擀压出凹槽后，将圆头处捏出小尖，刷上胶水后粘接在脑袋两侧。

5. 用黑色翻糖搓成椭圆形，压薄后刷上胶水，粘贴在脑袋一侧位置。

6. 分别用黑色、白色翻糖搓出不同大小的圆球，压扁后刷上胶水，粘贴在整个头部的二分之一处；取黄色翻糖搓成两个相同大小的水滴形，圆头一端刷上胶水粘接在眼睛后两侧。

7. 用粉色翻糖搓两个小圆，压扁后粘接在眼睛下两侧，用白色蛋白霜在眼球上挤出不同大小的小圆点作为高光，取黄色翻糖搓成小长条，刷上胶水后弯成U形粘贴在鼻子中间位置。

8. 将做好的牛头粘接在主体上。

爱心虎

Aixinhu

难易度 Nan Yi Du
★★★

③

④

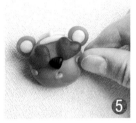
⑤

⑥

制作过程

1. 取蓝色翻糖揉匀后搓成圆球，压扁；将黄色翻糖擀成薄皮，用花卉模压出小花瓣，刷上胶水粘接在圆球上，取球形捏塑棒在表面压出凹槽。

2. 将橙色翻糖揉匀后搓成鸡蛋形粘接在底座上。

3. 取橙色翻糖搓成圆球，压扁；取黄色翻糖搓成细长条，刷上胶水后在头顶处粘贴上"王"字；用橙色、黄色翻糖分别搓成两个小圆球，压扁后大小粘接，用捏塑刀在小圆一角切出一个直角面，刷上胶水后粘接在"王"字两侧。

4. 取红色翻糖搓成两个小圆球，用手整形成两颗小爱心，压扁后刷上胶水，粘接在脸部的二分之一处，用针形棒在眼睛下方中间位置扎出一个小嘴巴。

5. 取黄色翻糖搓两个小圆球，压扁后刷上胶水，粘接在眼睛下两侧；取黑色翻糖搓成小圆球，整形成三角形，刷上胶水后粘接在嘴巴上。

6. 取橙色翻糖搓一根长条，刷上胶水粘接在臀部位置；取黄色翻糖搓4根细线条，刷上胶水后粘贴在小虎身体两侧。

乖乖兔

Guaiguaitu

①

②

③

④

⑤

制作过程

1. 取白色翻糖搓椭圆形，用手在椭圆形二分之一处捏出腰身。

2. 取白色翻糖搓两个长水滴形，压扁。

3. 取粉色翻糖搓两个小椭圆形，压扁后刷上胶水粘接在耳朵上；取黑色翻糖搓一个椭圆形，压扁后粘贴在身体的三分之一一侧位置，同样用黑色翻糖搓一根短小的线条，刷上胶水后粘接在眼睛的另一侧。

4. 取粉色翻糖搓成圆形后用手整形成三角形，压扁后刷上胶水，粘接在眼睛下中间位置。

5. 取粉色翻糖搓两个小圆球，压扁后粘贴在眼睛下两侧；用白色中性蛋白霜在黑色眼球上挤出两个小白点作为高光。

飞龙

Feilong

难易度
Nan Yi Du
★★★

制作过程

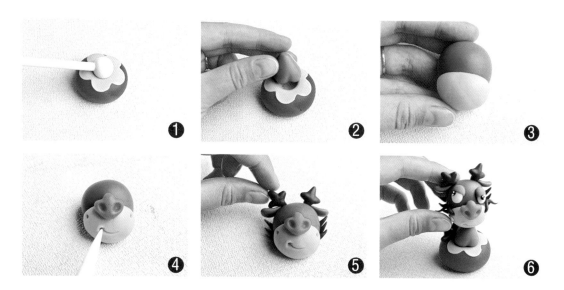

1. 取红色翻糖搓圆球压扁，将黄色翻糖擀成薄皮，用花卉模压出花瓣，刷上胶水后粘接在圆球底座上，用球形棒在花瓣中心处压出凹槽。

2. 取蓝色翻糖搓成鸡蛋形，用针形棒在大头下压出凹槽，刷上胶水后粘接在底座上。

3. 取蓝色翻糖搓成鸡蛋形，大头在上小头在下，将黄色翻糖搓成椭圆形，压扁后刷上胶水，粘接在鸡蛋形小头处。

4. 用橙色翻糖搓成水滴形，用手整形成三角爪形，压扁后用豆形棒小头在鼻子两侧位置挑压出鼻孔，用针形棒尖头在鼻子下画出嘴角，同时用针形棒在鼻子两侧分别扎出两个小孔。

5. 取蓝色翻糖搓两个小水滴，压扁后尖头处刷上胶水粘接在头顶两侧；取深蓝色翻糖搓成圆球，用针形棒整形出加号，刷上胶水粘接在耳朵上；将深蓝色翻糖擀成薄皮，用捏塑刀切出小胡须，在根部刷上胶水粘接在嘴巴两侧。

6. 将深蓝色翻糖搓成长条，整形出小触角后粘接在臀部上；将脖颈处刷上胶水后把做好的龙头粘接在脖颈上；取白色翻糖搓两个小椭圆，压扁后刷上胶水粘接在鼻子上两侧；用蓝色翻糖擀成薄皮后切出眼皮，粘接在眼球上；用黑色翻糖搓成椭圆形，压扁后刷上胶水，粘接在白色眼球上；用白色中性蛋白霜在黑色眼球上挤出高光。

机灵蛇

Jilingshe

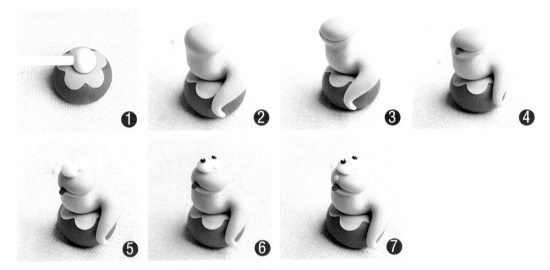

① ② ③ ④

⑤ ⑥ ⑦

制作过程

1. 取橙色翻糖揉匀后搓成圆球后压扁；将黄色翻糖擀成薄皮，用花卉模压出花瓣后刷上胶水，粘贴在圆球上，再将球形棒对准花芯处压出凹槽。

2. 将蓝色翻糖搓成长条后用手整形出头部，将身体捏成S形后在臀部刷上胶水，粘接在底座上。

3. 用捏塑刀在嘴巴位置切出上下嘴唇，用针形棒在嘴角处挑出嘴角。

4. 将红色翻糖搓成椭圆形，压扁后用捏塑刀在表面压出线条，刷上胶水粘接在嘴巴一侧。

5. 取白色翻糖搓两个椭圆形，压扁后刷上胶水，粘贴在头顶处。

6. 用黑色翻糖搓两个圆球，压扁后粘接在白眼球上；取白色中性蛋白霜在黑色眼球上挤出小圆点作为高光。

7. 取粉色翻糖搓两个小圆球，压扁后粘贴在嘴角两侧。

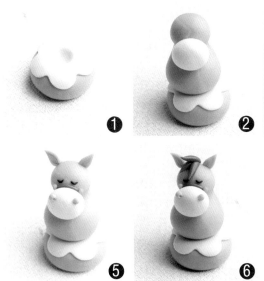

❶ ❷ ❸ ❹

❺ ❻

制作过程

1. 取紫色翻糖搓成圆球压扁，将黄色翻糖擀成薄皮后用不锈钢花卉模压出小花瓣，刷上胶水后粘贴在圆球上。

2. 取咖啡色翻糖搓椭圆形，用针形棒在椭圆形表面滚压出腰身；用肉色翻糖搓成小椭圆，压扁后刷上胶水粘贴在腰身中间。

3. 取深肉色翻糖搓两个水滴形，在尖头处刷上胶水后粘贴在嘴巴两侧，用针形棒在水滴中心扎出小洞作为鼻孔。

4. 取咖啡色翻糖搓成水滴形，压扁后用针形棒擀压出凹槽，刷上胶水粘接在脑袋两侧。

5. 取黑色翻糖搓成两根小细线条，刷上胶水后粘贴在鼻子上中间处。

6. 取暗红色翻糖搓成细长条，依次粘贴在耳朵中间。

可爱羊

难易度
Nan Yi Du
★★★

Keaiyang

制作过程

1. 将墨绿色翻糖揉匀后搓成圆球，压扁后粘贴上
黄色小花瓣，用球形棒在花芯处压出凹槽，取
白色翻糖搓成鸡蛋形，粘接到小花瓣上。

2. 取红色翻糖搓成稍粗的由细到粗的线条，用手
从细的一边卷起。

3. 在粗的一头刷上胶水后粘接在鸡蛋形的小头
两侧。

4. 取白色翻糖搓成圆球后用针形棒尖头整形成五
瓣花，刷上胶水后粘接在头顶中心；用黑色翻
糖分别搓一个椭圆形和细线条，压扁后刷上胶
水，分别粘贴在整个身体的二分之一位置。

5. 用白色翻糖搓成不同大小的椭圆形，刷上胶水
后粘贴在黑色眼球上作为高光点；取粉色翻糖
搓成椭圆形，压扁后粘接在眼睛下两侧；取咖
啡色翻糖搓成圆球形，压扁后用手整形成三角
形，粘接在眼睛下方中心位置。

憨憨鸡

Hanhanji

难易度
Nan Yi Du
★★★

制作过程

1. 取黄色翻糖揉匀后搓成鸡蛋形。

2. 将巧克力色翻糖搓成圆球压扁，将花色花瓣刷上胶水后粘接在圆球底座上。

3. 将搓好的鸡身粘接在底座上。

4. 取红色翻糖搓成长条，用手整形出三个触角。

5. 将鸡冠底部刷上胶水后粘接在头顶中间，取红色翻糖搓两个不同大小圆球，压扁后依次粘接在鸡冠下；取白色翻糖搓两个不同大小的圆球，压扁后粘接在红色眼球上。

6. 将黑色翻糖搓成两个小圆点，压扁后粘接在白色眼球上；取红色翻糖搓成水滴形，将尖头根部刷上胶水，粘接在眼球中心位置。

7. 取粉色翻糖搓成椭圆形，压扁后刷上胶水，粘接在眼睛下两侧；用红色翻糖搓3个水滴，在尖头处刷上胶水，依次粘接在臀部位置。

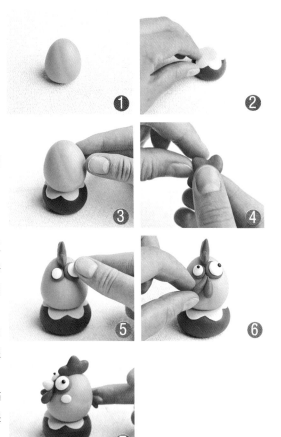

制作过程

❶ ❷ ❸ ❹ ❺ ❻ ❼

1. 取蓝色翻糖搓成圆球后压扁，将压好的黄色小花瓣刷上胶水后粘贴在圆球上，用球形棒在花芯处压出凹槽。

2. 取橙色翻糖揉匀后搓成鸡蛋形，用针形棒尖头在鸡蛋形大头位置的二分之一处滚压出臀部。

3. 取橙色翻糖搓成鸡蛋形后将小头压扁；取肉色翻糖擀成薄皮后用刀裁成心形；用肉色翻糖搓成椭圆形，压扁后粘贴在脸部下方三分之一处。

4. 取橙色、肉色翻糖搓两个小圆球，压扁后将不同大小的圆球粘接到一起，用捏塑刀切出一个直角面，刷上胶水后粘贴到脑袋两侧；取橙色翻糖搓成不同大小的两个小水滴形，在尖头处刷上胶水后粘接在脸部心形中间位置。

5. 用豆形棒小头在脸部的二分之一处挑压出眼眶，用白色翻糖搓成椭圆形，压扁后粘贴在眼眶中；用黑色翻糖搓两个小圆球，压扁后粘贴在白色眼球上；用粉色翻糖搓成椭圆形，压扁后刷上胶水粘贴在眼睛下方两侧；取黑色翻糖搓成圆形，压扁后整形成三角形，粘贴在眼睛下方中间位置；用针形棒在嘴巴下挑压出嘴巴。

6. 将猴头粘接在脖颈处。

7. 将橙色翻糖搓成长条粘接在臀部。

听话狗

Tinghuagou

 ①
 ②
 ③
 ④
 ⑤
 ⑥

制作过程

1. 取橙色翻糖揉匀后搓成圆形压扁，将黄色翻糖花瓣粘接在圆球上，用球形棒在花芯中间压出凹槽。

2. 取墨绿色翻糖搓成鸡蛋形，用针形棒在臀部中心压出凹槽，刷上胶水后粘接在底座上。

3. 将墨绿色翻糖揉匀后搓成圆球粘接在身体上；用黑色翻糖搓成水滴形，刷上胶水后粘接在臀部。

4. 将黑色翻糖搓两个水滴形，在根部刷上胶水后粘接在头顶两侧。

5. 取黑色翻糖搓成两个不同大小的圆球，压扁后粘接在脸部二分之一处；用白色翻糖搓一个小圆球，压扁后粘接在黑色眼球上；取咖啡色翻糖搓一个小圆点，压扁后用手整形成三角形，粘接在眼睛下方中间处；用捏塑棒挑压出笑脸嘴巴，再用针形棒挑压出嘴角。

6. 将粉色翻糖搓两个小椭圆形，压扁后粘接在眼睛后两侧；取黑色翻糖搓不同大小的线条，依次粘接在黑色眼球一边。

小乳猪

Xiaoruzhu

 ①

 ②

 ③

 ④

 ⑤

制作过程

1. 取粉色翻糖搓成鸡蛋形，用手捏出腰身后粘接在事先做好的底座上。

2. 取淡粉色搓成椭圆形，压扁后粘接在腰身三分之一处，用针形棒在表面扎出两个小洞。

3. 取白色翻糖揉匀后搓成圆形，压扁后刷上胶水粘贴在鼻子上方一角。

4. 取黑色翻糖搓成小圆球，压扁后粘贴在白色眼球上；用黑色翻糖搓成小细线条，折叠后刷上胶水粘贴在眼睛另一侧。

5. 取粉色翻糖搓成两个相同大小水滴形，压扁；用淡粉色翻糖搓成小水滴形，压扁后刷上胶水，大小水滴粘贴在一起，用刀在水滴形圆头一端切出一个直角切面，刷上胶水后粘接在眼睛后两侧位置；取淡粉色翻糖搓成两个小圆球，压扁后粘贴在鼻子后两侧。

米奇
Miqi

难易度
Nan Yi Du
★★★

制作过程

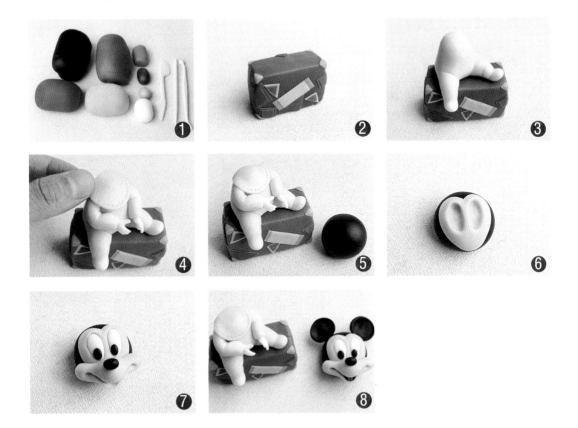

1. 事先备好捏塑棒和调好颜色的翻糖。

2. 将咖啡色翻糖搓成圆球后压扁，整形成扁方形箱体，将不同颜色的翻糖擀成薄皮后裁成不同大小的三角、方形，依次粘接在箱子表面。

3. 取蓝色翻糖揉匀后搓成鸡蛋形，用捏塑针形棒尖头在鸡蛋大头位置二分之一处压出凹槽，用手整形出下肢，裤纹可以用捏塑刀切压。

4. 取蓝色翻糖搓成长条，整形成胳膊粘接在肩膀两侧；用黄色翻糖擀成薄皮后压圆形，粘接在脖颈位置。

5. 取黑色翻糖揉匀后搓成圆球。

6. 将肉色翻糖揉匀后搓成圆球压扁，用捏塑刀裁成心形粘接在黑色圆球中心，用豆形棒小头在整个心形中心位置压出眼眶。

7. 取白色翻糖揉匀后搓成椭圆形，压扁后粘接在眼眶中；取两个相同大小的黑色翻糖搓成椭圆形，压扁粘接在白色眼球根部；用肉色翻糖搓成圆柱，压扁后贴在眼睛下方位置，用捏塑刀切出嘴巴。

8. 取黑色翻糖搓两个相同大小的圆球压扁，用豆形棒对准中心压出凹槽，使耳朵边缘厚中心薄，在头部两侧位置用针形棒压出两个小洞，依次用胶水粘接耳朵。

熊二

难易度
Nan Yi Du
★★★

Xionger

制作过程

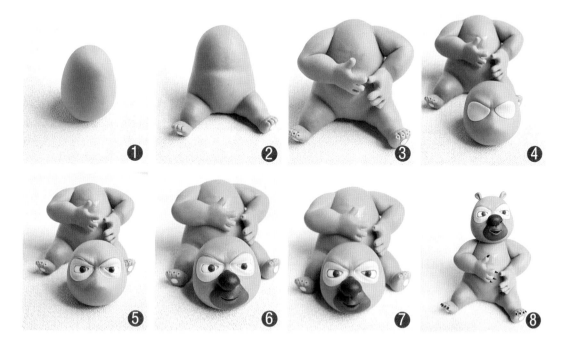

①　②　③　④

⑤　⑥　⑦　⑧

1. 取咖啡色翻糖揉匀后搓一个鸡蛋形。

2. 用针形棒在鸡蛋形身体的三分之一中间位置滚压出凹槽后，用手整形下肢，用手将脚掌压扁后取捏塑刀在脚头位置切压出脚趾；取淡咖啡色翻糖搓两个小圆球，刷上胶水后粘接在脚掌中间位置，用捏塑刀在大腿根两侧位置切压出大腿轮廓，取针形棒在身体的二分之一位置左右滚压出肚皮和胸肌。

3. 取咖啡色翻糖搓两根长条，用手和针形棒滚压出上肢，用捏塑刀切压出关节轮廓线，用手将熊掌稍压扁后取捏塑刀切压出手指头，在接口位置刷上胶水后粘接在肩膀两侧。

4. 取咖啡色翻糖揉匀后搓成圆球，用针形棒在圆球表面的二分之一位置左右滚压出脑袋和嘴巴位置，用豆形棒大头中间位置挑压出眼眶和眉骨；取淡咖啡色翻糖搓两个小水滴形，压扁后刷上胶水粘接在眼眶中。

5. 用捏塑刀在眼眶中间切压出眼球轮廓，取白色翻糖搓成小水滴形，压扁后粘接在眼眶中；取黑色、巧克力色翻糖分别搓不同大小的圆球，压扁后依次粘接在白色眼球上，用捏塑刀切压出脸部五官立体线条。

6. 取巧克力色翻糖搓一个水滴形，擀压成薄皮后刷上胶水粘接在嘴巴上；取黑色翻糖搓一个小椭圆形，反面刷上胶水后粘接鼻梁位置，取捏塑刀在鼻子下切压出嘴巴，用针形棒在鼻头左右两侧挑压出鼻孔。

7. 取巧克力色翻糖搓一根细长条粘接在白色眼眶边缘一圈，用针形棒在鼻头下压出一个凹槽。

8. 用捏塑刀切压出嘴唇线，取咖啡色翻糖搓两个小水滴形，用豆形棒小头在中间压出凹槽后在接口位置刷上胶水，将耳朵粘接在头顶两侧位置；取黑色翻糖搓出不同大小的小水滴形，分别在指尖位置刷上胶水后粘接成指甲。

小黄人

难易度
Nan Yi Du
★★★

Xiaohuangren

制作过程

1. 先备好翻糖颜色和捏塑棒。

2. 取出小块黄色翻糖揉匀后搓成圆柱，用豆形棒大头在圆柱三分之一位置压出眼眶。

3. 取银色翻糖搓成圆球后，用豆形棒压出凹槽；取白色翻糖搓成圆球后粘接在凹槽中。

4. 将黄色翻糖擀成薄皮后，贴在白色眼球一半处；取黑色翻糖搓成圆球后压扁，粘接在白色眼球上；用白色蛋白霜在眼球上挤出大小不一的小圆球作为高光，再用捏塑豆形棒小头在眼睛下面位置挑出嘴巴轮廓。

5. 取白色翻糖搓成长条，压扁后粘接在嘴巴轮廓中，用捏塑刀切出牙缝。

6. 将黑色翻糖擀成薄皮后裁成长条，围绕粘接在眼部一圈作为眼镜戴。

7. 将蓝色翻糖擀成薄皮后裁成长条，粘接在小黄人的人体上作为裤子。

8. 取黑色翻糖搓成细长条后依次粘接在头顶部；将黄色翻糖搓成长条，取长度一致的两条作为胳膊，粘接在嘴巴两侧下方位置；取黑色翻糖搓成圆球后压扁，用捏塑刀切出手指。

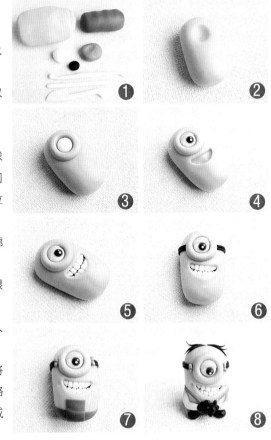

美人鱼公主

Meirenyu Gongzhu

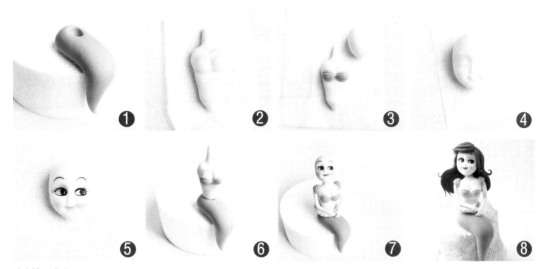

① ② ③ ④
⑤ ⑥ ⑦ ⑧

制作过程

1. 取一块紫色翻糖搓成水滴形后在泡沫上折叠出角度，用豆形棒大头在臀部位置压出凹槽。

2. 取一块肉色翻糖搓成水滴形，压扁后用针形棒在表面压擀出胸和锁骨的轮廓。

3. 用紫色翻糖搓两个圆球，压扁后刷上胶水粘贴在胸部，表面纹路可以用捏塑刀切出；取一块肉色翻糖搓成鸡蛋形。

4. 将鸡蛋形的翻糖放置左手掌心位置，用针形棒在鸡蛋形的二分之一处左右滚压出脑门和颧骨，用捏塑刀切出嘴唇。

5. 用白色翻糖搓两个椭圆形粘贴在眼眶中后压扁；用黑色翻糖搓细线条粘贴在眼眶周围，将剩余的翻糖黑线条搓成小牙签形状后，依次粘贴在眼眶上方作为眉毛。

6. 将晾干的身体刷上胶水后粘接在下肢位置。

7. 将做好的头粘接在脖颈上。

8. 用红色翻糖搓成长短不一的长条依次粘贴在头顶位置。

噘嘴小鸭

Juezui Xiaoya

制作过程 ••••••••••••••••••••

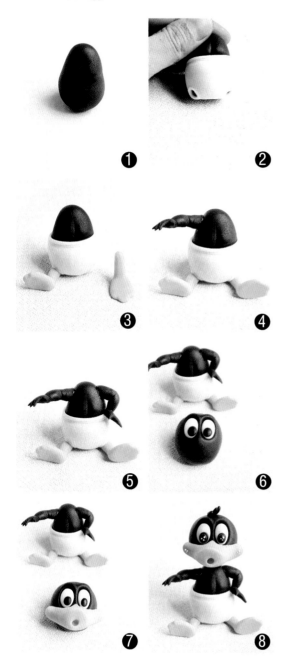

❶ ❷ ❸ ❹ ❺ ❻ ❼ ❽

1. 取黑色翻糖揉匀后搓成鸡蛋形，用手捏制出腰身，用针形棒在身体表面滚压出胸部和肚皮。

2. 将白色翻糖擀成薄皮后用捏塑刀裁出长条，刷上胶水后粘贴在臀部位置，用捏塑刀在裤腰位置切压出一根细线条，用针形棒在臀部两侧位置分别扎出两个小洞。

3. 用橘黄色翻糖搓两个长水滴形，在水滴圆头位置用手压扁，用捏塑刀切压出脚指头，在接口位置刷上胶水后依次将做好的脚丫粘接在小洞里。

4. 取黑色翻糖搓一根长条，用手整形出手臂和手掌，用捏塑刀在手掌上切压出手指头，在接口位置刷上胶水后分别粘接在肩膀一侧。

5. 取黑色翻糖搓一根长条，用手整形出手臂和手掌，用捏塑刀在手掌上切压出手指头，在接口位置刷上胶水后分别粘接在肩膀一侧。

6. 取黑色翻糖搓一个椭圆形后，用豆形棒小头在脸部的二分之一以上位置挑压出眼眶；取白色翻糖搓两个小椭圆形，压扁后刷上胶水，分别粘接在眼眶中；用黑色翻糖搓两个小圆球，压扁后粘接在白色眼球表面。

7. 用橘黄色翻糖搓成长椭圆形后取针形棒滚压出嘴唇和腮部肌肉，针形棒对准嘴巴位置挑压出凹槽。

8. 取红色珠光粉在腮部刷上腮红，用白色中性蛋白霜在腮部肌肉上挤出不同大小的圆点，用白色中性蛋白霜在黑色眼球上挤出不同大小的小圆点作为高光。

圆润胖妞

Yuanrun Pangniu

① ② ③ ④

⑤ ⑥

制作过程

1. 取白色翻糖揉匀后搓成鸡蛋形，大头在下小头在上。

2. 取蓝色翻糖擀成薄皮后，用捏塑刀裁出细小的长条，依次在每根线条反面刷上胶水，分别粘接在白色身体上。

3. 取肉色翻糖整形出大腿和小腿位置，在膝盖后面切压出关节和脚脖位置，整出脚掌，在脚掌顶部切压出脚趾，在接口处刷胶水粘接上做好的腿。

4. 取肉色翻糖揉匀后搓一个圆球。用针形棒在圆球的中间位置左右滚压出脑门和颧骨轮廓，取豆形棒在中间二分之一位置挑压出眼眶，将肉色翻糖搓一个小水滴形，刷上胶水后粘接在眼睛下中间位置，用针形棒尖头在鼻子下挑扎出嘴巴。

5. 取白色翻糖搓两个小圆球，压扁后分别粘接在眼眶中；用黑色翻糖搓两个小球，压扁刷胶水，粘接在白色眼球中；白色中性蛋白霜在黑色眼球上挤圆点作眼睛高光；豆形棒小头在搓出的两个相同大小的水滴形中间位置挑压出耳洞，在接口处刷上胶水后分别粘接在眼睛后两侧；取黑色翻糖搓两个小细线条，分别粘接在眼睛上两侧位置。

6. 取咖啡色翻糖搓不同大小的水滴形，压扁后粘接在头顶，用捏塑刀在表面划切出发丝；取墨绿色翻糖搓一个小圆柱形，刷上胶水后粘接在头顶中间位置；取咖啡色翻糖搓成水滴形，刷上胶水粘接在墨绿色的发带上。

CHAPTER
4

翻糖纸杯蛋糕

小巧玲珑的杯子蛋糕是小朋友们的最爱。
有可爱的"米奇"和风趣的"唐老鸭"等朋友
的相伴，我们一起度过"狂欢之夜"，全家
"相守到老"。

纸杯蛋糕是翻糖蛋糕的蛋糕坯。

原味玛芬蛋糕

材料

黄油	90克
绵白糖	70克
鸡蛋	65克
盐	1克
香粉	1克
鲜奶油	78克
低筋面粉	110克
泡打粉	2克
光亮剂	适量

制作过程

1. 将软化好的黄油放入容器里，搅拌至质地顺滑。

2. 加入绵白糖，拌至略微泛白。

3. 再加入盐和香粉，拌匀。

4. 将鸡蛋液分次加入其中，充分搅拌均匀。

5. 然后依次交错加入鲜奶油和过筛的低筋面粉、泡打粉中，搅拌均匀。

6. 将面糊用橡皮刮刀充分搅拌均匀。

7. 将做好的蛋糕糊装入裱花袋中，挤在直径7.5厘米、高5.5厘米的玛芬模具内，九分满即可。

8. 将蛋糕坯放入预热至180℃的烤箱中，烘烤30~35分钟，取出后趁热刷上光亮剂，冷却即可。

核桃布朗尼

材料

酥油	110克
绵白糖	125克
盐	1克
奶粉	15克
可可粉	30克
鸡蛋	130克
低筋面粉	105克
核桃仁	80克

制作过程

1. 将酥油、绵白糖拌匀，搅拌至蓬松状。

2. 将奶粉、可可粉过筛后，加入盐一起搅拌均匀。

3. 再分次加入鸡蛋液，拌匀。

4. 然后加入过筛后的低筋面粉拌匀。

5. 再加入事先烘烤熟的核桃仁拌匀。

6. 将蛋糕糊装入裱花袋，挤入直径6.5厘米、高4.5厘米的模具内，九分满即可。

7. 将蛋糕坯放入烤箱中，以上下火180℃/160℃烘烤15分钟左右。

8. 出炉后在表面筛上适量可可粉即可。

二
纸杯蛋糕
内馅

内馅主要用来调整翻糖蛋糕的口味。

巴西迪奶油

材料

A.蛋黄90克，绵白糖85克

B.低筋面粉20克，玉米淀粉25克

C.牛奶500克，香粉5克，绵白糖20克

D.无盐奶油60克

E.打发鲜奶油150克

制作过程 ••

1. 将蛋黄和85克绵白糖混合拌匀。

2. 加入过筛的低筋面粉、玉米淀粉，拌匀备用。

3. 再将牛奶、香粉和20克绵白糖搅匀，加热煮沸。

4. 将奶液趁热加入拌匀的面糊中，搅拌均匀。

5. 将面糊倒回加热容器中，以边煮边搅的方式煮成稠状。

6. 再将无盐奶油加入其中搅拌溶化，冷却备用。

7. 最后加入打发鲜奶油充分拌匀。

卡士达奶油

材料

A.牛奶400克，绵白糖33克

B.蛋黄67克，绵白糖65克

C.香粉5克，低筋面粉12克，玉
米淀粉15克

D.鲜奶油100克

E.淡奶油160克

制作过程

1. 先将牛奶和33克绵白糖混合均匀，加热煮沸备用。

2. 再将蛋黄和65克绵白糖搅拌至柠檬黄色。

3. 然后将过筛的香粉、低筋面粉、玉米淀粉加入蛋液中充分搅拌均匀，备用。

4. 将奶液慢慢加入面糊中搅拌均匀。

5. 将混合物倒回加热容器中，再以边煮边搅的方式煮成糊状，用保鲜膜盖住，冷却备用。

6. 将鲜奶油打发，慢慢加入淡奶油搅拌均匀。

7. 最后将奶油和面糊混合拌匀，备用。

巧克力克林姆奶油

材料

A.蛋黄3个，绵白糖24克

B.玉米淀粉15克，低筋面粉15克

C.牛奶300克，绵白糖45克

D.黑巧克力100克

E.打发鲜奶油150克

172

制作过程

1. 先将鲜奶油打发备用。

2. 再将蛋黄和24克绵白糖混合拌至糖化。

3. 将过筛的玉米淀粉和低筋面粉加入蛋液中充分搅拌均匀，备用。

4. 然后将牛奶和45克绵白糖混合加热煮沸。

5. 将奶液慢慢加入面糊中搅拌均匀。

6. 再将混合物倒回加热容器中，以边煮边搅的方式煮成糊状。

7. 将切碎的黑巧克力加入其中充分搅拌均匀至溶化，冷却备用。

8. 最后将打发备用的鲜奶油和巧克力面糊混合拌匀，冷藏保存。

香草卡士达奶油

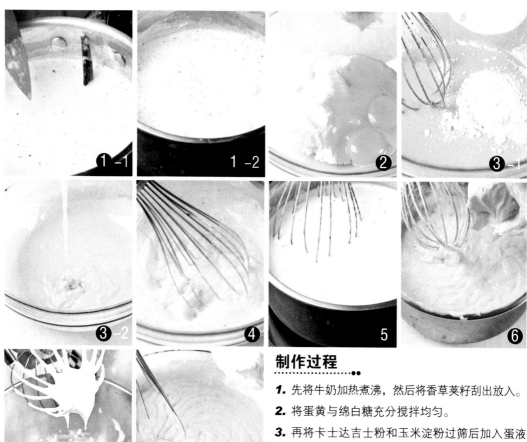

制作过程

1. 先将牛奶加热煮沸,然后将香草荚籽刮出放入。
2. 将蛋黄与绵白糖充分搅拌均匀。
3. 再将卡士达吉士粉和玉米淀粉过筛后加入蛋液中搅拌均匀。
4. 将热牛奶慢慢倒入面糊中搅拌均匀。
5. 将混合物倒回加热容器中,再以边煮边搅的方式煮成糊状。
6. 将黄油加入其中搅拌均匀,冷却备用。
7. 最后将淡奶油打发,再和黄油面糊混合拌匀即可。

材料

A. 牛奶600克,香草荚1个
B. 蛋黄100克,绵白糖150克
C. 卡士达吉士粉20克,玉米淀粉15克
D. 安家黄油50克
E. 淡奶油300克

意大利奶油霜

材料

A.水88克，绵糖100克

B.蛋白300克，绵糖238克

C.黄油750克，维佳夹心奶油500克

D.淡奶油250克

E.柠檬汁1个

制作过程

1. 先将黄油和夹心奶油化开1/3，混合打发备用。

2. 将水和100克糖放入容器中加热煮沸。

3. 再将蛋白和238克糖混合打发至湿性发泡。

4. 糖水和蛋白液加工必须同时结束。

5. 然后将煮好的糖水加入打发的蛋白中，再打发。

6. 将备用的打发黄油和奶油加入打好的蛋白糊中搅拌均匀。

7. 再将淡奶油慢慢加入其中搅拌均匀。

8. 最后加入柠檬汁，充分拌匀。

177

朗姆咖啡奶油

材料

A.维佳夹心奶油150克，黄油100
　克，太古糖粉150克
B.咖啡粉10克，热开水10克
C.柠檬汁10
D.朗姆酒20克

制作过程

1. 先将咖啡粉和水混合溶化备用。
2. 再将奶油、黄油和糖粉混合搅拌打发。
3. 然后将打发奶油用刮板刮一圈。
4. 接着将柠檬汁加入其中搅拌均匀。
5. 然后加入朗姆酒搅拌均匀。
6. 再加入备用的咖啡液。
7. 最后充分搅拌均匀。

柠檬蜂蜜奶油

制作过程

1. 先将奶油和糖粉混合搅拌打发。

2. 再将蜂蜜慢慢加入其中搅拌均匀。

3. 然后将柠檬汁加入其中搅拌均匀。

4. 将淡奶油分次慢慢加入。

5. 最后充分搅拌均匀。

材料

A.维佳夹心奶油300克，太古糖粉130克

B.蜂蜜60克

C.柠檬汁5克~10克

D.淡奶油150克

三 翻糖杯子蛋糕 的装饰要点

翻糖杯子蛋糕装饰主要注意连接时要牢固。

用胶水连接部件

将蓝色翻糖擀成薄皮后用捏塑刀裁出长条，刷上胶水粘接在身体的二分之一位置。

取蓝色翻糖搓两个小椭圆形，压扁后刷上胶水，粘接在眼眶中；取黑色翻糖搓成两根小线条后粘接在蓝色眼球最边缘；取黑色翻糖搓两个小椭圆形，压扁后粘接在眼球表面；取橙黄色翻糖搓椭圆形后压扁，用捏塑刀切压出上下嘴唇。

用软质蛋白霜连接

用果胶或奶油霜将圆糖皮粘接在蛋糕表面，用白色软质蛋白霜在蛋糕表面挤出雪堆。

将晾干后的糖片粘接在蛋糕上。

用塑形棒连接

①

②

③-1

③-2

用模具压出一块蓝色翻 用模具压出蓝色花瓣。 用模具压出花瓣上的花纹。
糖皮。

④

将花瓣连接在翻糖皮上。

在玻璃纸上造型

①

②

③

在玻璃纸表面用黑色 用黑色软质蛋白霜挤在 将蓝色软质蛋白霜挤在
中性蛋白霜挤出轮廓 头顶的轮廓线条内，表 相应的轮廓线条内，表
线条。 面无气孔。 面的气孔可以用牙签或
是彩针扎破消泡。

181

蛋白霜杯子蛋糕

爱的守护

Ai De Shouhu

难易度
Nan Yi Du
★★★★

 ❶

 ❷

 ❸

 ❹

 ❺

 ❻

 ❼

 ❽

制作过程

1. 用中性黑色蛋白霜在玻璃纸表面上细裱出图案轮廓线条。

2. 用暗红色软质蛋白霜挤在相应的轮廓线条内。

3. 将肉色软质蛋白霜挤在身体的轮廓线条内，表面无气孔。

4. 将肉色软质蛋白霜挤在嘴巴轮廓线条内。

5. 用黄色软质蛋白霜挤在眼睛的轮廓线条内。

6. 将肉色软质蛋白霜挤在手指的轮廓线内，用黑色中性蛋白霜在黄色眼球表面挤上黑色眼球。

7. 将墨绿色翻糖擀成薄皮后，用相应的圈模压出圆糖皮；在蛋糕表面刷上果胶或奶油霜后，将圆糖皮粘接在蛋糕表面；用白色软质蛋白霜在蛋糕表面挤上雪堆。

8. 将晾干后的糖片粘接在蛋糕上。

圣诞树

Shengdanshu

制作过程

1. 将翻糖塞进玻璃纸内起到支撑的作用，用墨绿色中性蛋白霜在玻璃纸表面挤上一圈圈线条。

2. 将咖啡色翻糖擀成薄皮后取圈模压出圆糖皮，在蛋糕表面刷上果胶或是奶油霜后将糖衣皮粘接在蛋糕表面。

3. 将晾干后的小树脱模后粘接在蛋糕上。

4. 用白色中性蛋白霜在小树表面挤出不同大小圆点。

5. 取橙色、粉色、蓝色中性蛋白霜在小树表面挤上不同大小的小圆点。

6. 用黑色中性蛋白霜在透明的玻璃纸上，细裱出小熊图案的轮廓。

7. 取橘黄色和红色软质蛋白霜填充在轮廓内，在表面蛋白霜晾干后用白色蛋白霜在黑色眼球表面细裱出高光。

8. 用中性蛋白霜在小树上挤出一个小圆球，将晾干后的小糖片粘接在小树上。

精彩瞬间

难易度
Nan Yi Du
★★★★

Jingcai Shunjian

制作过程

1. 取黑色中性蛋白霜在玻璃纸表面挤出图案轮廓线条。

2. 取橙黄色蛋白霜挤在头部的轮廓线条内。

3. 将橙黄色蛋白霜挤在身体的轮廓线条内，表面平整光滑无气孔。

4. 将红色软质蛋白霜挤在衣服的轮廓线条内。

5. 在表面晾干后用黑色中性蛋白霜在脸部细裱出五官。

6. 取白色中性蛋白霜在黑色眼球上挤出高光。

7. 将淡蓝色翻糖擀成薄皮后用相应圈模压出所需要的糖皮，在蛋糕表面刷上果胶或奶油霜后将压好的糖皮粘接在蛋糕表面；用中性白色蛋白霜在蛋糕中心位置挤出一个大圆，将事先做好的马卡龙粘接在蛋糕中心位置。

8. 将晾干后的糖片粘接在马卡龙中心位置。

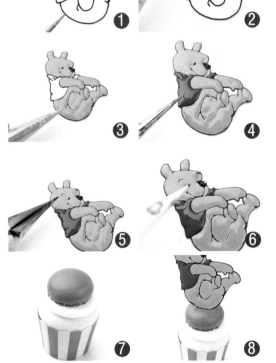

维尼之欢

Weini Zhihuan

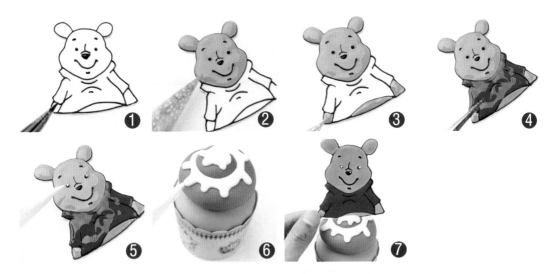

制作过程

1. 用黑色中性蛋白霜在玻璃纸表面细裱出所需要的图案轮廓线条。

2. 将橙黄色软质蛋白霜挤在头部轮廓线条内，表面无气孔。

3. 将橙黄色软质蛋白霜挤在身体和手臂的轮廓线条内。

4. 将红色软质蛋白霜挤在衣服的轮廓线条内，表面气孔可以用牙签或是彩针扎破消泡。

5. 用白色中性蛋白霜挤在黑色眼球上作为高光。

6. 绿色翻糖擀成薄皮后用相应的圈模压出糖皮，在蛋糕表面刷上果胶或是奶油霜，将压好的糖皮粘接在蛋糕表面；用橙黄色翻糖搓成圆球，用软质白色蛋白霜在上面挤出雪堆。

7. 将晾干后的糖片脱模粘接在蛋糕上。

185

狂欢之夜

Kuanghuan Zhiye

制作过程

❶ ❷ ❸ ❹ ❺ ❻ ❼ ❽

1. 取黑色中性蛋白霜在玻璃纸上细裱出图案轮廓线条。

2. 取蓝色软质蛋白霜挤在脖颈轮廓线条内，取白色软质蛋白霜挤在相应的轮廓线条中。

3. 取蓝色软质蛋白霜挤在相应的轮廓线条中，将橙黄色软质蛋白霜挤在帽边轮廓线条中。

4. 取白色软质蛋白霜挤在脸部轮廓线条内，将红色软质蛋白霜挤在嘴巴轮廓线条内。

5. 取红色软质蛋白霜挤在相应的轮廓线条内，用黄色软质蛋白霜挤在手臂的轮廓线条内，用白色软质蛋白霜在身体表面挤上白色高光线条。

6. 将晾干后的糖片脱模取出。

7. 将蓝色翻糖擀成薄皮后用相应的圈模压出所需要的圆糖皮，刷上果胶或是奶油霜后将圆糖皮粘接在蛋糕面上，取白色软质蛋白霜在蛋糕表面挤上大小不同的圆点。

8. 用中性蛋白霜在蛋糕中心位置挤一个小圆球，将晾干后的糖片粘接在蛋糕表面中心位置。

制作过程

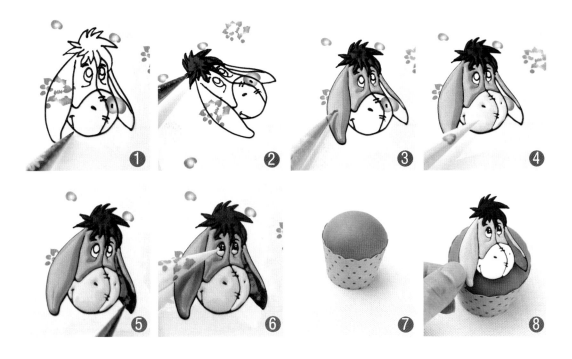

1. 在玻璃纸表面用黑色中性蛋白霜挤出轮廓线条。
2. 用黑色软质蛋白霜挤在头顶的轮廓线条内，表面无气孔。
3. 将蓝色软质蛋白霜挤在相应的轮廓线条内，表面的气孔可以用牙签或是彩针扎破消泡。
4. 将淡蓝色软质蛋白霜挤在嘴巴轮廓线条内。
5. 将深蓝色软质蛋白霜挤在耳朵轮库线条内。

6. 用白色中性蛋白霜挤在眼眶内，用黑色中性蛋白霜挤在白色眼球中，将白色中性蛋白霜在黑色眼球上挤出不同大小的圆点作为高光。
7. 在蛋糕表面刷上果胶或是奶油霜后，将压好的糖皮粘接在蛋糕表面。
8. 用中性蛋白霜在蛋糕中心位置挤上底座，将糖片粘接在蛋糕中心位置。

浣熊

难易度
Nan Yi Du
★★★★

制作过程

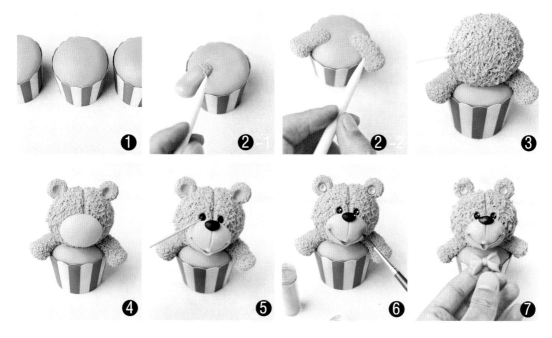

① ② ② ③

④ ⑤ ⑥ ⑦

1. 用橙黄色翻糖擀成薄皮后，用所需要的圈模压出圆糖皮；在蛋糕表面刷上果胶或奶油霜后，将糖衣皮粘接在蛋糕表面。

2. 取橙黄色翻糖搓一个长水滴形，用手整形后粘接在蛋糕一侧，用针形棒在手臂表面挑扎出毛边。

3. 取橙黄色翻糖搓一个圆球后粘接在蛋糕表面，用针形棒在圆球表面挑扎出毛边。

4. 取淡橙黄色翻糖搓一个小圆球，压扁后刷上胶水粘接在头部的二分之一下位置，用针形棒尖头在头顶中间位置压出一条凹槽线条；取橙黄色翻糖搓两个水滴形，在中间用豆形棒压出凹槽，在尖头位置刷上胶水后粘接在脑袋两侧位置；用牙签在耳朵表面挑压出毛边。

5. 用豆形棒小头在嘴巴上两侧中间位置挑压出眼眶，用捏塑刀在淡橙黄色翻糖表面切压出一根细长条和嘴巴；用豆形棒小头在嘴巴中间位置挑压出上下嘴唇；取黑色翻糖搓两个小圆球，压扁后粘接在眼眶中；取黑色翻糖搓一个小椭圆形，用手整出三角形后压扁，粘接在眼睛下中间位置。

6. 用白色中性蛋白霜在黑色眼球中挤出不同大小的圆点，作为眼睛的高光；取粉色翻糖搓两个小圆球，压扁后刷上胶水粘接在耳洞里；用粉色珠光粉在嘴角和嘴唇处刷上腮红。

7. 取绿色翻糖搓一个小椭圆形，压在蝴蝶模具中，取出后粘接在脖颈处。

米奇
Miqi

难易度
Nan Yi Du
★★★★

制作过程

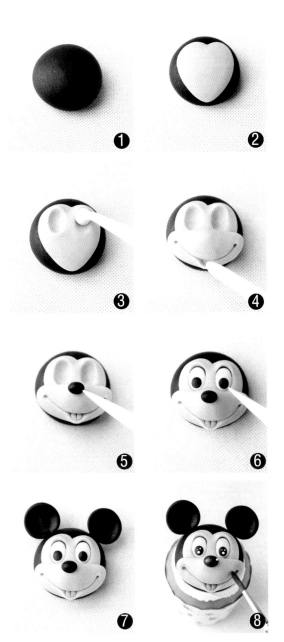

❶ ❷ ❸ ❹ ❺ ❻ ❼ ❽

1. 取黑色翻糖揉匀后搓一个小圆球，稍压扁。

2. 取肉色翻糖揉匀后搓成水滴形，压扁后用手和捏塑刀整出心形。

3. 用豆形棒小头在心形两侧位置挑压出眼眶。

4. 取肉色翻糖搓成椭圆形，用手和捏塑刀整形出嘴巴后取捏塑刀切压出上下嘴唇，取针形棒圆头在嘴巴中间位置挑出下嘴巴，用针形棒在嘴巴两侧挑出嘴角。

5. 取黑色翻糖搓成椭圆形后刷上胶水粘接在眼睛下中间位置； 取粉色翻糖搓成小水滴形，压扁后用捏塑刀在水滴中间切压出舌线，刷上胶水后粘接在嘴巴内。

6. 取白色翻糖搓两个小椭圆形，压扁后刷上胶水粘接在眼眶中；用黑色翻糖搓两根细小的线条粘接在眼眶最边缘处；取黑色翻糖搓两个小圆球，压扁后粘接在白色眼球上。

7. 取黑色翻糖搓两个小圆球，用豆形棒大头在中心位置压出凹槽，用针形棒在眼睛后两侧位置分别压出一个小洞，刷上胶水后将做好的耳朵粘接在小洞里。

8. 将墨绿色翻糖擀成薄皮后用圈模压出所需要的圆糖皮，刷上果胶或是奶油霜，粘接在蛋糕表面，用大号锯齿花嘴将中性蛋白霜在蛋糕表面挤上一圈花边，将做好的米奇头粘接在蛋糕表面；取白色中性蛋白霜在黑色眼球表面挤出不同大小的小圆点作为高光；用红色珠光粉在嘴角处刷上腮红。

史迪仔

Shidizai

194

制作过程

❶　❷　❸　❹

❺　❻　❼　❽

1. 将墨绿色翻糖擀成薄皮后用圈模压出所需要的圆糖皮，刷上果胶或是奶油霜后粘接在蛋糕表面。

2. 取蓝色翻糖揉匀后搓成鸡蛋形，用淡蓝色翻糖搓成水滴形后压薄，刷上胶水粘接在肚皮上。

3. 取巧克力色翻糖搓成长条围着身体粘接一圈。

4. 取蓝色翻糖搓两个小长条后用手整形出手臂，取捏塑刀在手臂关节处切压出关节轮廓线，用捏塑刀在手掌上切压出手指头，用针形棒在手指尖压出小洞。

5. 取蓝色翻糖揉匀后搓成椭圆形，稍微压扁后用针形棒圆头在头部的二分之一中间位置挑压出眼眶；取巧克力色翻糖搓成不同大

小的小水滴形，刷上胶水后依次粘接在指尖位置。

6. 将淡蓝色翻糖搓成椭圆形，压扁后粘接在眼眶中；取黑色翻糖搓成米粒形状后压扁，粘接在眼球中间位置；取咖啡色翻糖搓成椭圆形，刷上胶水后粘接在鼻梁上；将淡蓝色翻糖擀成薄皮后刷上胶水粘接在嘴巴下，用豆形棒在嘴巴和鼻子中间位置压出凹槽线条；将黑色翻糖搓成细线条后分别粘接在眼眶两侧位置。

7. 取红色翻糖搓成圆球粘接手掌位置；取白色中性蛋白霜在黑色眼球上挤出不同大小的圆点作为高光；取软质白色蛋白霜在巧克力色翻糖表面挤上雪堆。

8. 将彩珠糖撒在雪堆表面。

神兽

Shenshou

难易度
Nan Yi Du
★★★★

制作过程

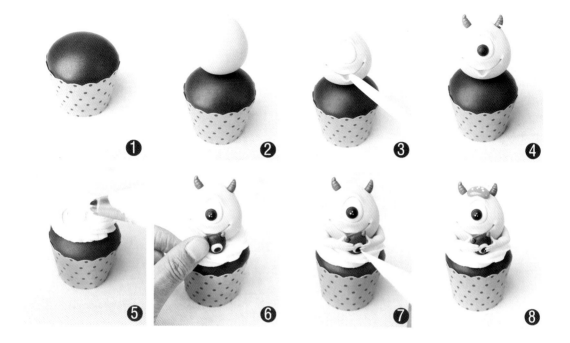

① ② ③ ④

⑤ ⑥ ⑦ ⑧

1. 将蛋糕表面用刀修饰成蒙古包形，取巧克力色翻糖擀成薄皮后用圈模压出适当的圆糖皮，刷上果胶或奶油霜粘接在蛋糕表面。

2. 取黄色翻糖搓成鸡蛋形后在表面刷上胶水，粘接在蛋糕上。

3. 取豆形棒小头在头部二分之一中间位置挑压出眼眶，用捏塑刀在眼眶下切压出嘴巴；取针形棒小头在嘴巴中间位置挑出上下嘴唇。

4. 取咖啡色翻糖搓两个小水滴形，刷上胶水后粘接在眼睛后两侧位置，用捏塑刀在表面滚切出线条纹路；取黑色翻糖搓一个小圆球，压扁后粘接在白色眼球表面。

5. 取白色中性蛋白霜装进锯齿花嘴袋里，在蛋糕表面挤上锯齿圆球。

6. 取巧克力色翻糖搓成圆球，压扁后粘接在嘴巴下；取白色翻糖搓一个小圆球，压扁后粘接在小圆球中间位置；取黑色翻糖搓一个小圆球，压扁后粘接在白色眼球上；取白色中性蛋白霜在黑色眼球上挤出不同大小的小圆点作为高光。

7. 取白色中性蛋白霜在黑色眼球表面挤上小圆点作为高光；取黄色翻糖搓两个小长条，用手整形出胳膊，用捏塑刀切压出手指头。

8. 取橙色软质蛋白霜在头顶位置挤上一个小椭圆形，在表面撒上一层彩珠糖。

双眼怪兽

Shuangyan Guaishou

制作过程

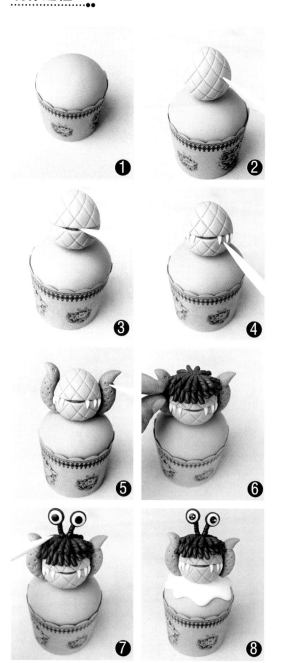

1. 用蓝色翻糖擀成薄皮，用圈模压出适当的糖衣皮后刷上果胶或是奶油霜，将糖衣皮粘接在蛋糕上。

2. 取淡紫色翻糖揉匀后搓成鸡蛋形，用捏塑刀在表面切压出网格线条。

3. 用捏塑刀在头部中间二分之一处横切出嘴巴。

4. 取白色翻糖搓成不同大小的水滴形，在嘴巴接口处刷上胶水，依次粘接在嘴巴缝隙中。

5. 取暗紫色翻糖搓两个长水滴形，刷上胶水后粘接在嘴巴后两侧，用小号的圆花嘴在表面压出花纹，取捏塑刀在尖头顶部两侧位置划切出两根细线条。

6. 取巧克力色翻糖搓成细线条后将两根线条缠绕搓成一根线条，用捏塑刀切成不同长短的线条，刷上胶水后依次粘接在头顶处。

7. 取黑色翻糖搓一个细线条，折叠后缠绕搓成一根线条，用捏塑刀切出相同长短的线条，刷上胶水粘接在头顶处；取黑色翻糖搓两个小圆球，用豆形棒小头压出凹槽；取白色翻糖搓两个小圆球，压扁后粘接在黑色凹槽中；取黑色翻糖搓两个小圆球，压扁后分别粘接在白色眼球中间。

8. 用白色中性蛋白霜在黑色眼球中间挤上不同大小的圆点作为高光，用软质蛋白霜在在杯子表面挤上雪堆。

199

制作过程

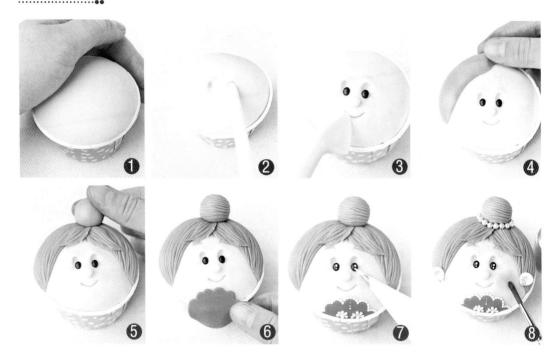

1. 将肉色翻糖擀成薄皮后用相应的圈模压出糖皮，在蛋糕表面刷上果胶或是奶油霜后将压好的糖衣皮粘接在蛋糕表面。

2. 用针形棒圆头在蛋糕上挑压出眼眶。

3. 取黑色翻糖搓两个小椭圆形，压扁后刷上胶水粘接在眼眶中，取捏塑刀在眼角位置切压出眼角纹；将肉色翻糖搓成椭圆形后刷上胶水，粘接在眼睛下中间位置，用捏塑刀在鼻子下中间位置切压出嘴巴。

4. 将灰色翻糖搓成水滴形，压扁后刷上胶水粘接在头顶一侧位置，用捏塑刀在表面切压出发丝。

5. 取灰色翻糖搓成水滴形，压扁后刷上胶水后

粘接在头顶另一侧位置，用捏塑刀在表面切压出发丝；取灰色翻糖搓一个小圆球后粘接在头顶位置。

6. 用捏塑刀在圆球表面切压出发丝，将红色翻糖擀成薄皮后用锯齿圈模压出，刷上胶水后裁出一半粘接在嘴巴下。

7. 用黄色中性蛋白霜在红色糖衣皮上细裱出花边纹；取白色中性蛋白霜在黑色眼球表面挤出不同大小的小圆点作为高光。

8. 取肉色翻糖搓两个小水滴后用豆形棒小头在中心位置压出凹槽，刷上胶水后粘接在头发根部，将银珠糖依次粘接在发根一圈位置，用红色珠光粉在脸部刷上腮红。

唐老鸭

Tanglaoya

制作过程

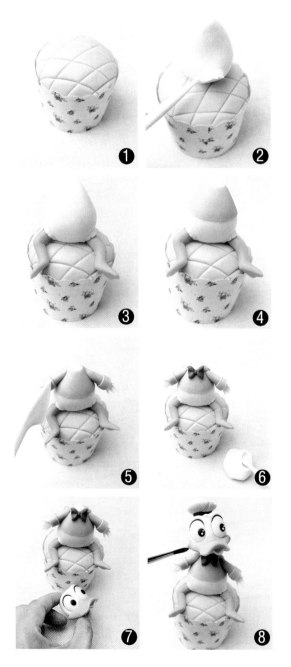

1. 将粉色翻糖擀成薄皮，用相应的圈模压出适当的圆糖皮，在蛋糕面上刷果胶或奶油霜后将糖皮粘接在蛋糕表面，用捏塑刀在糖皮表面切压出网格。

2. 取白色翻糖搓成鸡蛋形后用手整形出鸭子身体，用捏塑棒在尾巴位置切压出羽毛尾巴，并划出线条纹路。

3. 用针形棒尖头在鸡蛋形大头下两侧位置挑压出凹槽，取橙黄色翻糖搓两个小长条，用手整形出腿和脚，用捏塑刀在脚掌位置切压出脚趾。

4. 将蓝色翻糖擀成薄皮后用捏塑刀裁出长条，刷上胶水后粘接在身体的二分之一位置。

5. 用蓝色翻糖搓两个小长条并整形成手臂，用黄色翻糖搓一根细长条后粘接在手臂上，在另一端刷上胶水后粘接在肩膀两侧。

6. 取白色翻糖搓成椭圆形，稍微压扁后用豆形棒小头在二分之一偏上位置挑压出眼眶；取红色翻糖搓一个椭圆形，压在模具中切去多余的边角，刷上胶水后粘接在脖颈处。

7. 取蓝色翻糖搓两个小椭圆形，压扁后刷上胶水粘接在眼眶中；取黑色翻糖搓成两根小线条后粘接在蓝色眼球最边缘；取黑色翻糖搓两个小椭圆形，压扁后粘接在眼球表面；取橙黄色翻糖搓椭圆形后压扁，用捏塑刀切压出上下嘴唇。

8. 取蓝色翻糖搓水滴形后用手整形出帽子，用捏塑刀在帽子表面切压出纹路线条；取白色中性蛋白霜在黑色眼球表面挤出不同大小圆点作为高光；取红色珠光粉在嘴角处刷上腮红。

制作过程

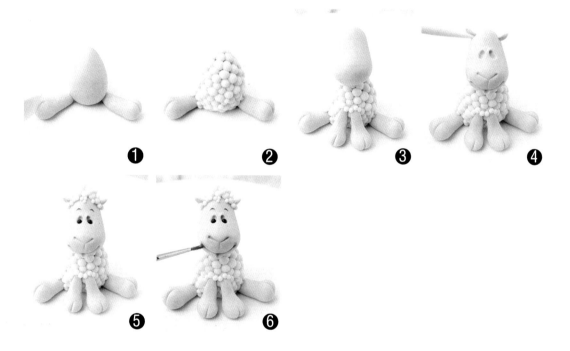

❶ ❷ ❸ ❹

❺ ❻

1. 取肉色翻糖搓一个鸡蛋形；将肉色翻糖搓两个长水滴形后，用捏塑刀在水滴的圆头位置切压出脚趾，在臀部位置刷上胶水，将腿粘接在两侧。

2. 取白色翻糖搓不同大小圆球，稍微压扁后刷上胶水粘接在身体表面。

3. 取肉色翻糖搓两个长水滴形，用捏塑刀在水滴的圆头位置切压出指头；将肉色翻糖搓椭圆形后用针形棒在二分之一位置滚压出脑袋和脸部。

4. 用豆形棒小头在头部的三分之二中间位置挑

压出眼眶；用肉色翻糖搓成两个小水滴形，用针形棒滚压出凹槽，用针形棒在耳朵后两侧位置压出耳洞并刷上胶水，将做好的耳朵分别粘接在耳洞内，用捏塑刀在眼睛下中间位置切压出鼻子和嘴巴。

5. 取黑色翻糖搓两个小圆球，压扁后粘接在眼眶中；用黑色翻糖搓两个小细线条后粘接在眼睛上作为眉毛；取白色翻糖搓不同大小的圆球，不规则地依次粘接在头顶位置。

6. 用红色色粉在鼻头和嘴角位置刷上颜色。

呆萌企鹅

制作过程

① ② ③ ④ ⑤ ⑥

1. 在蛋糕表面刷上果胶或是奶油霜，用蓝色翻糖擀成薄皮，用相应的圈模压出圆糖皮后粘接在蛋糕表面；取白色翻糖搓成鸡蛋形，用手整形出下肢。

2. 将黑色翻糖擀成薄皮后刷上胶水，粘接在背部。

3. 取黑色翻糖搓成长条，压扁后用手将两头位置捏出小尖，刷上胶水后分别粘接在肩膀两侧；取白色翻糖搓椭圆形头部，用黑色翻糖擀成薄皮，在反面刷上胶水后粘接在头顶位置，用豆形棒大头在黑色鼻梁两侧位置挑压出眼眶。

4. 用白色翻糖搓两个小圆球，压扁后粘接在眼眶中；取黑色翻糖搓两个小圆，压扁后粘接在白色眼球表面；将橙色翻糖搓成椭圆形后用手整形出嘴巴，用捏塑刀在嘴巴中间位置切压出上下嘴巴。

5. 将墨绿色翻糖擀成薄皮后用刀裁出长条，在反面刷上胶水后粘接在脖颈位置；取橙色翻糖搓两个小圆球，压扁后用捏塑刀在脚尖位置切压出脚趾，将脚粘接在小腿位置。

6. 用白色翻糖搓两个小圆球，压扁后粘接在眼睛后两侧位置，用白色软质蛋白霜在蛋糕表面挤上雪堆；在蛋糕表面挤上不同大小的圆点；用中性蛋白霜在黑色眼球表面挤上不同大小的圆点作为高光；用粉色珠光粉在嘴角两侧位置刷上腮红，在表面挤上小白点。

制作过程

1. 取暗红色翻糖搓成椭圆形，用针形棒在一端位置滚压出凹槽，用手整形出裤腿；取豆形棒小头整形出裤脚；取球型棒在裤腰中间位置压出凹槽。

2. 将黑色翻糖搓成细线条后取长短一致的线条作为腿；取黄色翻糖搓两个小圆球，用捏塑刀在边缘切压出鞋边，刷上胶水后粘接在裤腿中间位置；取白色翻糖搓两个小水滴，压扁后用捏塑刀切压出手指头，刷上胶水粘接在手臂上。

3. 取白色翻糖搓两个椭圆形，压扁后粘接在裤子中间位置，将手臂粘接在肩膀两侧；取黑色翻糖搓一个圆球；取肉色翻糖搓成圆球，压扁后粘接在头部中间位置，用捏塑刀在脸部中间位置切压出一个小角。

4. 取肉色翻糖搓成椭圆形，用手整形出嘴巴和鼻头，用针形棒圆头在脸部位置挑压出眼眶，用捏塑刀在鼻头下切压出上下嘴唇。

5. 取白色翻糖搓两个椭圆形，压扁后粘接在眼眶中；用黑色翻糖搓成两个小圆球，压扁后粘接在白色眼球表面；取黑色翻糖搓成小椭圆形，刷上胶水后粘接在鼻头位置；用暗红色和红色翻糖搓水滴形，压扁后依次粘接在嘴巴内。

6. 取黑色翻糖搓两个小圆球，压扁后用豆形棒大头在圆中心位置压出凹槽，将两个耳朵根部刷上胶水后粘接在头顶两侧。

7. 用粉色珠光粉在嘴角两侧刷上颜色。

制作过程

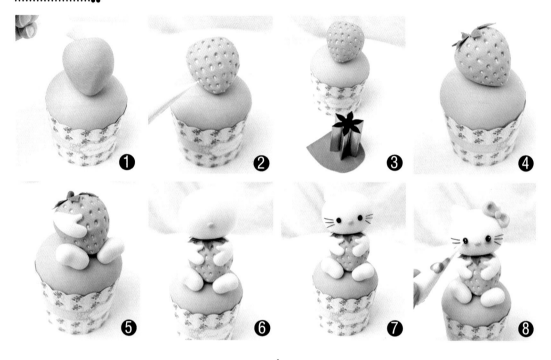

① ② ③ ④

⑤ ⑥ ⑦ ⑧

1. 在蛋糕表面刷上果胶或是奶油霜，将绿色翻糖擀成薄皮后用相应的圆模压出圆糖皮粘接在蛋糕表面，取粉色翻糖搓成鸡蛋形后用锥形棒在大头位置压出凹槽。

2. 用小号球棒在表面挑压出凹槽后，用白色中性蛋白霜在凹槽中间位置挤出小圆点。

3. 将绿色翻糖擀成薄皮后用花模压出小花瓣。

4. 在花瓣反面中心位置刷上胶水后粘接在凹槽位置。

5. 取白色翻糖搓成两个相同大小的椭圆形，用手整形出脚掌后粘接在草莓小头两侧位置；取白色翻糖搓两个椭圆形，压扁后用捏塑刀切压出手指头，在反面刷上胶水后粘接在脚的上方两侧位置。

6. 取白色翻糖搓成圆球，压扁后刷上胶水粘接在脖颈处；取橙色翻糖搓小椭圆形，压扁后粘接在圆球三分之一位置。

7. 取黑色翻糖搓两个小椭圆形，压扁后粘接在鼻子的上方两侧位置；取黑色中性蛋白霜在眼睛后两侧位置挤上胡须；取白色翻糖搓两个小水滴形，压扁后用捏塑刀切去圆头，在根部刷上胶水后粘接在头顶的两侧位置。

8. 用粉色珠光粉刷在眼睛的下方两侧位置，取白色中性蛋白霜在黑色眼球表面挤上白色高光；用粉色翻糖搓成小水滴形，用针形棒圆头在水滴中间位置压出凹槽，刷上胶水后粘接在耳朵一侧位置。

制作过程

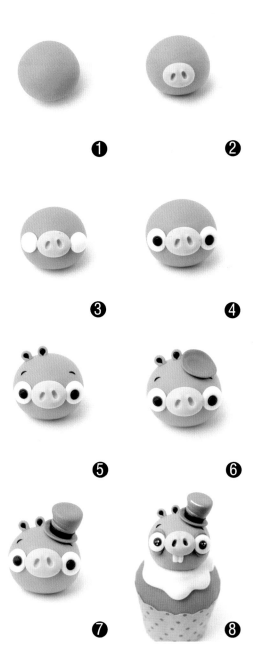

❶ ❷ ❸ ❹ ❺ ❻ ❼ ❽

1. 取绿色翻糖揉匀后搓成圆球。

2. 取黄色翻糖搓成椭圆形，压扁后粘接在圆球二分之一中间位置，用小号球棒在黄色中间位置挑压出八字形凹槽。

3. 取白色翻糖搓两个小圆球，压扁后刷上胶水粘接在鼻子两侧位置。

4. 用黑色翻糖搓成两个圆球，压扁后刷上胶水后粘接在白色眼球表面。

5. 取黑色翻糖搓两个小细线条后，分别粘接在眼睛上两侧位置；取绿色翻糖搓两个小水滴，用针形棒圆球在表面压出凹槽；用深绿色翻糖搓两个小水滴形，压扁粘接在凹槽中间位置，用针形棒在头顶一侧位置压出两个小洞，刷上胶水后将做好的耳朵分别粘接在耳洞中间。

6. 将深绿色翻糖揉匀后搓成圆球压扁，在反面刷上胶水后粘接在一侧位置。

7. 将绿色翻糖搓成圆柱形，刷上胶水粘接在帽檐中间位置；将黑色翻糖擀成薄皮后用刀裁出长条，刷上胶水后粘接在帽子接口位置。

8. 将白色翻糖擀成薄皮后用刀裁出小长方形，刷上胶水粘接在鼻子下中间位置；取黑色翻糖搓两个小椭圆，压扁后粘接在鼻孔中；用白色中性蛋白霜在黑色眼球表面挤出不同大小的圆点作为高光，用白色中性蛋白霜在帽子边缘挤上高光线条。

小丑

Xiaochou

制作过程

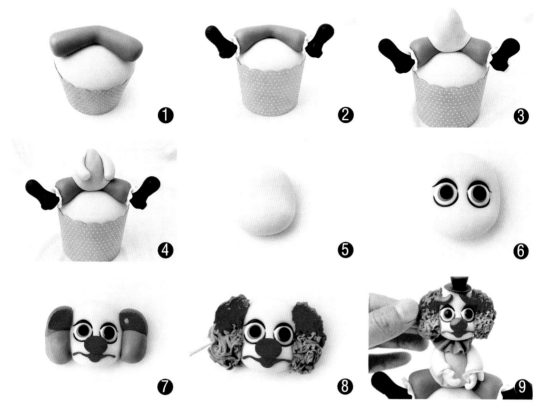

❶ ❷ ❸ ❹ ❺ ❻ ❼ ❽ ❾

1. 在蛋糕表面刷上果胶或奶油霜，用蓝色翻糖擀成薄皮，用相应的圈模压出圆糖皮后粘接在蛋糕表面，取深蓝色翻糖搓成长条后用手整形出裤脚。

2. 将白色翻糖搓两个小圆球，压扁后刷上胶水，分别粘接在裤脚位置；取黑色翻糖搓两个小椭圆形，用手整形出鞋，用捏塑刀在鞋底压出鞋跟后刷上胶水粘接在裤脚中心位置。

3. 取黄色翻糖搓成鸡蛋形后，用手捏出衣服的边缘，在腿中间位置刷上胶水后将身体粘紧。

4. 将绿色翻糖搓成两个小长条，在尖头位置刷上胶水后分别粘接在肩膀两侧位置。

5. 取肉色翻糖搓成圆球后用针形棒在二分之一位置滚压出脑袋和嘴巴位置。

6. 用豆形棒大头在二分之一位置挑压出眼眶，

取白色翻糖搓成两个小圆球，压扁后粘接在眼眶中；取蓝色翻糖搓成两个圆球，压扁后粘接在白色眼球上；用黑色翻糖搓两个圆球，压扁后粘接在蓝色眼球表面；取黑色翻糖搓不同粗细的线条，分别粘接在眼眶边缘。

7. 用红色翻糖搓成椭圆形后刷上胶水，粘接在眼睛下方中间位置；用红色翻糖搓长条粘接在鼻头下方中间位置；用蓝色、红色翻糖分别搓两个相同大小的椭圆形，在中间刷上胶水后粘接为一体。

8. 用牙签在耳朵表面挑扎出毛边。

9. 取红色翻糖搓两个小椭圆形，摆好形状后粘接在眼睛上两侧位置；取咖啡色翻糖搓成圆球，压扁后粘接在头顶中间位置；取咖啡色翻糖搓成椭圆形，刷上胶水粘接在圆糖皮中间位置。

璀璨之星

Cuican Zhixing

制作过程

1. 将淡绿色翻糖擀成薄皮后，用花纹擀面棍擀压出花纹，用圈模压出所需要的圆糖皮。

2. 将压好的糖皮刷上果胶或是奶油霜，粘接在蛋糕表面。

3. 取橙黄色翻糖擀成薄皮后用捏塑刀裁出细长条，在一侧位置刷上胶水后卷出小花，在蛋糕表面刷上胶水后粘接组装成心形。

4. 取金色彩珠糖刷上胶水后粘接在心形另一半上。

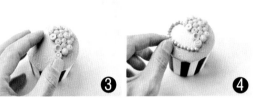

一支菊

Yizhiju

❶ ❷

制作过程

1. 用粉色翻糖揉匀后擀成薄皮。

2. 将粉色翻糖揉匀后搓成圆球。

3. 用小剪刀在圆球最外层剪出小花瓣，由外向内剪，花芯处的花瓣需小一些。

4. 用墨绿色翻糖擀成薄皮，用相应的圈模压出适当圆糖皮后粘接在蛋糕表面；用白色软质蛋白霜在蛋糕表面挤上雪堆。

5. 将剪好的小花粘接在蛋糕中心位置。

6. 用红色色粉刷在花芯中间处，颜色要有渐变。

❸ ❹

❺ ❻

浪漫蕾丝

Langman Leisi

制作过程

1. 将蕾丝膏压刮在蕾丝模中，晾干后取出。

2. 将紫色翻糖擀成薄皮后用圈模压出所需要的圆糖皮，刷上胶水后将蕾丝花纹粘接在蛋糕表面。

3. 取白色翻糖擀成薄皮后，用手捏制出玫瑰花，刷上胶水后粘接在蛋糕一侧位置。

4. 用白色珠光粉刷在蛋糕表面。

CHAPTER 5

翻糖装饰蛋糕

粉色的海贼、愤怒的小鸟，宝贝们为之手舞足蹈。青春洋溢的少女之心，体验初恋的羞涩与甜蜜。脉动舞姿、苗族服饰，来一场奢华的盛宴。

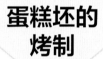

翻糖装饰蛋糕使用的蛋糕坯是普通的蛋糕，这里提供两款蛋糕供参考，大家可以酌情考虑其他的蛋糕。

起司草莓千层蛋糕

材料 （成品8寸一个）

奶油起司250克，绵白糖150克，杏仁膏200克，全蛋6个，低筋面粉160克，玉米粉16克，奶油75克，草莓果泥50克，红色色素1克

装饰：糖粉少许

制作过程

1 将奶油起司、绵白糖、杏仁膏放入容器中，搅拌混合均匀。

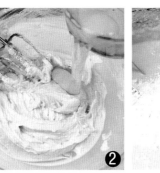

2 再分次慢慢加入全蛋，搅拌均匀。

3 接着将低筋面粉、玉米粉过筛后，加入拌匀。

4 将奶油放入容器内隔水加热，融化后加入面糊混合拌匀。

5 再倒入草莓果泥、红色色素，轻轻混合均匀即可。

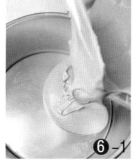

6-1

6-2

6-3

将蛋糕体面糊分四次倒入已抹烤盘油的8寸烤模内抹平，入炉以上火200℃、下火120℃，烤8~10分钟至上色。

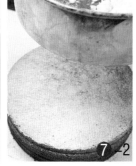

7-1　　**7**-2

取出（重复动作操作共四次，需小心不可重敲）。总焙烤时间约40分钟。

Tips

1. 如果没有杏仁膏，可以用杏仁粉（50%）、糖（35%）、蛋（15%）混合来调配，作为杏仁膏的代替品。

2. 红色色素的作用是增加蛋糕体的颜色，也可以不添加，不加红色色素的话，蛋糕的颜色不好看，不过从健康的角度考虑是可以不加的，可以自行调整。

基本海绵蛋糕

材料 （1个6寸圆形模）

A.全蛋2个

B.细砂糖50克

C.低筋面粉40克

D.色拉油1汤匙

E.牛奶1汤匙

制作过程

1. 将全蛋打散加入细砂糖。

2. 打发至乳白色备用。

3. 低筋面粉过筛备用。

4. 将色拉油和牛奶混合加温至60℃备用。

5. 将低筋面粉加入蛋液中，拌匀至无颗粒状。

6. 再加入备用的色拉油、牛奶轻轻拌匀成面糊。

7. 将面糊倒入未抹油的烤模中，再放入提前预热
至170℃的烤箱中，烤30~35分钟。出炉后立刻
连同模型倒扣在凉架上，防止蛋糕收缩塌陷。

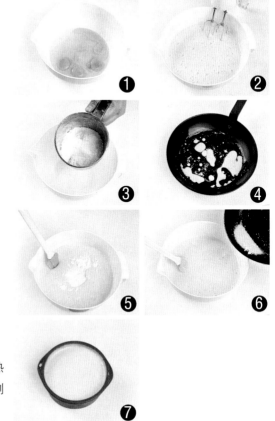

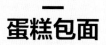

二
蛋糕包面

蛋糕包面的材料多种多样，这里选用的是普通的糖皮，要注意包面的平整。

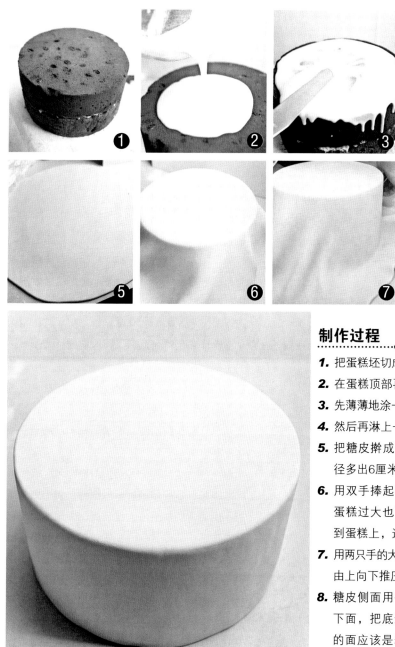

制作过程

1. 把蛋糕坯切成两半，中间夹上奶油霜。

2. 在蛋糕顶部再倒上奶油霜抹平。

3. 先薄薄地涂一层，等变硬后再涂一层。

4. 然后再淋上一层奶油霜。

5. 把糖皮擀成圆形，直径要比蛋糕坯直径多出6厘米左右。

6. 用双手捧起糖皮放在蛋糕坯上，如果蛋糕过大也可用擀面棍卷起糖皮再放到蛋糕上，这样糖皮不容易断裂。

7. 用两只手的大姆指肌肉处轻轻压平糖皮。由上向下推压糖皮，使其褶皱向下推。

8. 糖皮侧面用手掌整平后再用刮板整平下面，把底边多余的糖皮切掉，包好的面应该是表面平整，侧面没有断纹出现，底边整齐。

幼初
Youchu

难易度
Nan Yi Du
★★★★★

①

②

③

④

制作过程

1. 在蛋糕表面刷上果胶或是奶油霜，用淡蓝色、蓝色翻糖擀成薄皮后包在蛋糕面上，用压平器整形压平后裁去多余的边角，在蛋糕底部挤上蛋白霜后粘接为一体；将咖啡色翻糖擀成薄皮后用刀裁出细长条，在反面刷上胶水后粘贴在蛋糕侧面和蛋糕接口边缘处，用捏塑刀在表面切压出木纹线条。

2. 将咖啡色、蓝色翻糖擀成薄皮后用刀裁出长条，在反面刷上胶水后粘贴在蛋糕侧面，用花边压模压出糖皮后在反面刷上胶水，粘贴在长条上部边缘。

3. 用白色中性蛋白霜在线条边缘挤出针线线条。

4. 将咖啡色、蓝色翻糖擀成薄皮后，用相应的圈模压出适当的圆糖皮，在反面刷上胶水后分别粘接在蓝色圆糖皮中心位置；取白色翻糖搓出不同大小的圆球，依次粘接在蛋糕面上；用中性蛋白霜在蛋糕侧面的蓝色糖皮上细裱出文字线条；将白色翻糖擀成薄皮后用适当的压模压出糖皮，在反面刷上胶水后粘贴在蛋糕侧面；将咖啡色翻糖捏制出小熊，在单面挤上蛋白霜后粘贴在蛋糕侧面。

3岁萌娃

难易度
Nan Yi Du
★★★★★

3 Sui Mengwa

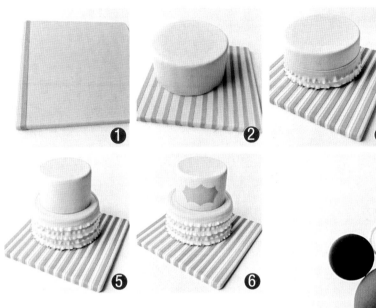

① ② ③ ④
⑤ ⑥

制作过程

1. 在底板表面喷上饮用水，用粉色翻糖擀成薄皮后包在蛋糕底板上，用压平器整形压平后裁去多余的边角；将紫色翻糖擀成薄皮后用刀裁出细长条，在反面刷上胶水后粘贴在蛋糕底板上。

2. 在紫色长条反面刷上胶水后依次粘贴在蛋糕底板表面，在蛋糕底挤上蛋白霜后粘接在底板表面。

3. 将粉色、白色翻糖擀成薄皮后用刀裁出细长条，将长条摆放在海绵垫上，用球形棒滚压擀出皱纹，在反面刷上胶水后粘贴在蛋糕侧面。

4. 按照第3步的做法，将蛋糕依次装饰完毕。

5. 将粉色、白色裙边线条反面依次刷上胶水，粘贴在蛋糕侧面，从下向上贴边。

6. 将深蓝色翻糖擀成薄皮后用相应的压模压出糖皮，在反面刷上胶水后粘贴在蛋糕侧面中间位置。

轨迹

Guiji

Wendy
cake

制作过程

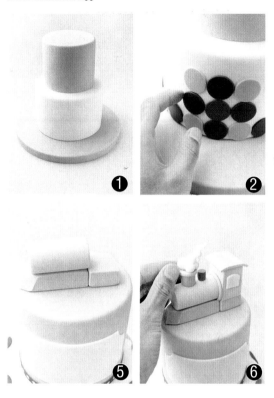

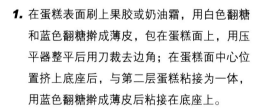

1. 在蛋糕表面刷上果胶或奶油霜，用白色翻糖和蓝色翻糖擀成薄皮，包在蛋糕面上，用压平器整平后用刀裁去边角；在蛋糕面中心位置挤上底座后，与第二层蛋糕粘接为一体，用蓝色翻糖擀成薄皮后粘接在底座上。

2. 将深蓝色、蓝色、红色翻糖擀成薄皮，用相应的圈模压出所需要的圆糖皮，在反面刷上胶水后依次分别粘接在蛋糕侧面位置。

3. 将圆糖皮依次粘接在蛋糕侧面位置。

4. 将白色翻糖擀成薄皮后用刀裁出想要的形状，在反面刷上胶水粘接在蛋糕侧面，将成品彩带反面刷上胶水后粘接在蛋糕接口位置。

5. 将蓝色翻糖擀成一块较厚的皮，用刀切出火车底座形后晾干；取蓝色翻糖搓成圆柱形，放在定型盘中晾干，取出后粘接在底座上。

6. 用蓝色翻糖擀成薄皮后裁出长方形晾干，在反面挤上中性蛋白霜后粘接在车厢顶位置；将白色翻糖擀成薄皮后用刀裁出窗户，在反面刷上胶水后粘接在车厢两侧位置；取白色翻糖搓出不同大小的圆球，挤上中性蛋白霜后依次粘接在火车头上。

生命起点

Shengming Qidian

难易度
Nan Yi Du
★★★★★

制作过程 ••

 ❶

 ❷

 ❸

 ❹

 ❺

 ❻

1. 在蛋糕表面刷上果胶或是奶油霜，用粉色翻糖擀成薄皮后包在蛋糕面上，用压平器整形后裁去多余的边角，用花边压板在蛋糕表面压出花纹；在蛋糕中间位置挤上蛋白霜底座后将两层蛋糕粘接为一体；取白色翻糖擀成薄皮后用花边压模压出糖皮，在反面刷上胶水后粘贴在蛋糕侧面。

2. 用小圆压模压出糖片，在反面刷上胶水后粘贴在蛋糕表面。

3. 将咖啡色、白色、蓝色翻糖擀成薄皮，用相应的花边压模压出糖皮，在反面刷上胶水后依次粘贴在蛋糕侧面中间位置；用白色珠光粉在蓝色糖片表面刷上颜色，在蓝色糖片边缘刷上胶水后粘贴上彩珠糖。

4. 用粉色、黄色、蓝色翻糖擀成较厚的糖皮，用不同大小的心形压模压出糖片后将花枝扎进糖片中，晾干后扎进蛋糕侧面。

5. 将墨绿色翻糖擀成薄皮，用相应的压模压出糖片，用粉色心形糖片刷上胶水后粘贴在小鸟身体中间位置，晾干后在底部挤上蛋白霜，粘接在蛋糕面上。

6. 将粉色翻糖擀成薄皮后用刀裁出1字，晾干后在根部挤上蛋白霜，粘接在蛋糕顶部中间位置。

满月精星
Manyue Jingxing

难易度
Nan Yi Du
★★★★★

制作过程

❶

❷

❸

❹

❺

❻

❼

❽

1. 在蛋糕表面刷上果胶或是奶油霜，用白色翻糖擀成薄皮后包在蛋糕面上，用压平器整形后裁去边角；将红色和粉色翻糖擀成薄皮后用相应压模压出方形，在反面刷上胶水后分别粘接在蛋糕侧面。

2. 上下两层蛋糕面装饰相同。将蓝色翻糖擀成薄皮后包在刷好果胶或是奶油霜的蛋糕表面，用压平器整形后裁去边角，粘接在蛋糕中间位置。

3. 用蓝色翻糖搓成细长条后粘接在蛋糕接口位置；用红色翻糖搓成线条，刷上胶水后粘接蛋糕面接口位置。

4. 取红色翻糖搓成细线条，刷上胶水后粘贴在蛋糕表面。

5. 将棒棒扎进搓好的蓝色翻糖圆球中，圆球内可以包豆沙等一些馅料，用彩带在棒棒上系一个蝴蝶结。

6. 用白色翻糖搓圆球后压在相应的软胶模中，切去边角后取出，在反面刷上胶水后分别粘接在圆球顶部，依次将棒棒扎进蛋糕里。

7. 用白色翻糖搓成圆球后压在相应的软胶模中，切去边角后取出，在反面刷上胶水，粘贴在蛋糕侧面中间位置，用银珠糖粘接在糖片边缘位置。

8. 将蕾丝膏打好后涂抹在蕾丝模具中，晾干后脱模取出，粘接在蛋糕侧面位置。

Kitty猫拖鞋

Kittymao Tuoxie

制作过程

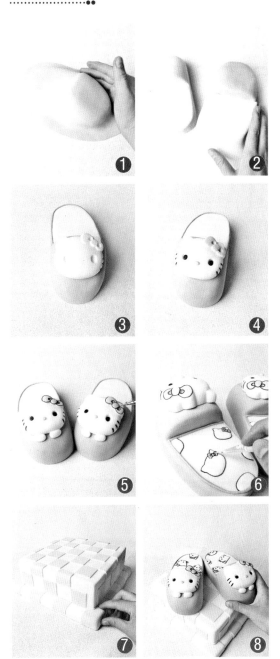

1. 事先将蛋糕削成拖鞋的形体，取灰色翻糖擀成薄皮后包在拖鞋蛋糕表面，用手压紧后裁去边角。

2. 将白色翻糖擀成薄皮后刷上胶水，粘贴在拖鞋体表面，用刀裁去边角。

3. 取白色翻糖搓成椭圆形，压扁后放进相应的模具中塞压紧，用刀裁去边角后取出，刷上胶水粘贴在拖鞋头中心位置。

4. 取黑色翻糖搓两个小椭圆形，刷上胶水后粘贴在眼眶中；将黄色翻糖搓成椭圆形，粘接在眼睛下方中间位置；用黑色中性蛋白霜在脸部两侧位置细裱出胡须，取粉色色粉刷在蝴蝶结表面。

5. 取白色翻糖搓四色小椭圆，稍微压扁后刷上胶水粘，接在头部下方两侧位置；用黑色中性蛋白霜细裱出蝴蝶结的轮廓线条。

6. 用黑色中性蛋白霜在拖鞋表面挤出Kitty猫的轮廓线条，用白色软质蛋白霜挤在轮廓线条内，待表面晾干后用粉色软质蛋白霜挤在蝴蝶结的轮廓线条内。

7. 取白色翻糖擀成薄皮后包在事先备好的蛋糕表面，用手压紧后裁去边角；取粉色翻糖擀成薄皮后，用相应的方形压模压出方糖皮，在反面刷上胶水后粘贴在蛋糕表面。

8. 用黑色中性蛋白霜在晾干后的Kitty猫表面细裱出五官线条，将拖鞋底挤上中性蛋白霜后粘接在方形蛋糕面上。

机器猫

难易度
Nan Yi Du
★★★★★

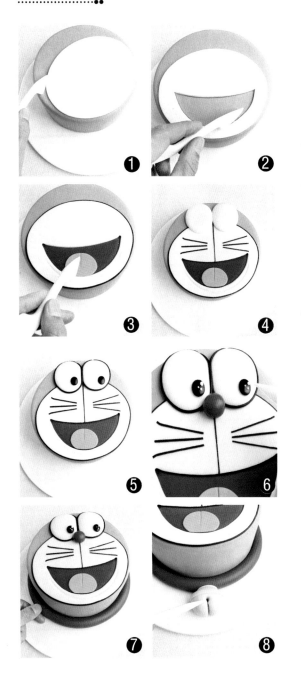

❶ ❷

❸ ❹

❺ ❻

❼ ❽

1. 在蛋糕表面刷上果胶或是奶油霜，用蓝色翻糖擀成薄皮后包在蛋糕面上，用压平器整形后裁去边角；取白色翻糖擀成薄皮后用捏塑刀裁出椭圆形糖皮，在反面刷上胶水后粘贴在蛋糕面上。

2. 用捏塑刀在白色糖皮的二分之一下中间位置裁出嘴巴轮廓，取出糖皮。

3. 取红色翻糖擀成薄皮后裁出嘴巴形状的糖皮，在反面刷上胶水后粘接在嘴巴轮廓内；用黑色翻糖搓成细线条后粘接在白色糖皮边缘；取淡红色翻糖搓成圆球，压扁后刷上胶水粘贴在嘴巴内，用捏塑刀在中间位置切压出单根线条。

4. 用黑色翻糖搓细线条后粘接在嘴巴边缘轮廓位置；用刀裁出相同长短的线条粘贴在嘴巴上；裁出一根较长的线条粘接在脸部胡须中间位置；取白色翻糖搓两个椭圆形，压扁后分别粘贴在胡须上两侧位置。

5. 取黑色翻糖搓成细线条粘接在眼眶边缘处；用黑色翻糖搓搓两个小椭圆形，压扁后粘贴在白色眼球上。

6. 取红色翻糖搓成圆球，稍微压扁后粘贴在眼睛中间位置；用白色中性蛋白霜在黑色眼球上挤出不同大小的圆点，作为高光。

7. 取红色翻糖搓一根线条粘接在蛋糕和底板的接口位置。

8. 取黄色翻糖搓成圆球，用捏塑刀在中间切压出缝隙后，用针形棒在一角处挑压出小孔，取捏塑刀在表面切压出双线条纹路。

梦境

Mengjing

制作过程

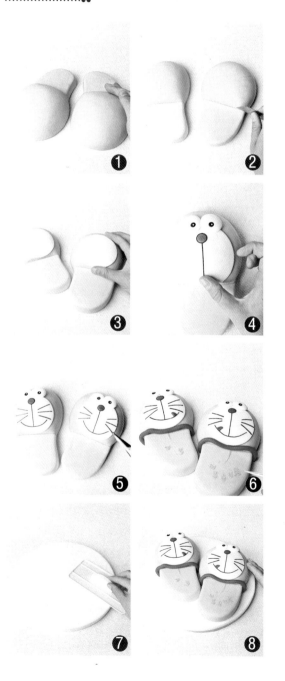

① ② ③ ④ ⑤ ⑥ ⑦ ⑧

1. 用蛋糕削好拖鞋的形状后，在蛋糕表面刷上果胶或是奶油霜，取蓝色翻糖擀成薄皮后包在蛋糕表面，用刀裁去多余的边角。

2. 将黄色翻糖擀成薄皮后在反面刷上胶水，粘贴在拖鞋底上，用刀裁去多余的边角。

3. 将白色翻糖擀成薄皮，用适当的圈模压出圆糖皮后在反面刷上胶水，粘贴在拖鞋面上。

4. 取白色翻糖搓两个圆球，压扁后在反面刷上胶水，粘贴在白色糖皮上；取黑色翻糖搓两个小圆球，压扁后粘接在白色眼球下中间位置；取出红色翻糖搓成圆球，压扁后粘贴在眼睛中间位置；将黑色翻糖搓成细线条，刷上胶水粘贴在鼻子上。

5. 取黑色中性蛋白霜在脸部挤出胡须和嘴巴线条。

6. 用蓝色中性蛋白霜在拖鞋表面挤出单根线条和字体。

7. 在蛋糕底板表面用喷瓶喷一层水，取白色翻糖擀成薄皮后包在蛋糕表面，用压平器压平整形，裁去多余的边角。

8. 用中性蛋白霜在拖鞋底挤上底座，分别粘接在蛋糕底板上。

制作过程

1. 用红色翻糖擀成薄皮后粘接在底板上，将白色翻糖擀成薄皮后用刀裁出不规则的糖皮，在反面刷上胶水后粘接在底板表面。

2. 在烤好的蛋糕表面刷上果胶或奶油霜，将粉色翻糖擀成薄皮包在蛋糕表面，用刀裁去边角后粘接在底板上，用直尺在蛋糕表面压出网格线条。

3. 在蛋糕表面刷上果胶或奶油霜，用红色翻糖擀成薄皮包在蛋糕表面，用压平器整形后裁去边角，在蛋糕中间挤上蛋白霜后将两个蛋糕粘接为一体。

4. 取黑色翻糖擀成薄皮，在反面刷上胶水后包在蛋糕面上，用刀裁出不规则的花边；取黑色翻糖搓成细长条粘接在白色边缘。

5. 用白色翻糖搓出粗细不规则的线条，取黑色中性蛋白霜在白色线条表面挤上不规则的小圆球。

6. 取白色中性蛋白霜在黑色糖皮表面挤上小水滴；用白色翻糖搓成四个长条、一个鸡蛋形、一个椭圆形，在肩膀和臀部位置刷上胶水后粘接上腿和胳膊；取粉色翻糖搓成小圆球，压扁后粘接在脚掌中心位置，用豆形棒小头在头部二分之一中心位置挑压出眼眶；取黑色翻糖搓成小椭圆，压扁后粘接在眼眶中；取白色中性蛋白霜在黑色眼球表面挤上小高光；将咖啡色翻糖搓成椭圆形，压扁后粘接在眼睛下中间位置；取白色、粉色翻糖搓成小水滴，压扁后按大小粘接，将做好的耳朵粘接在眼睛后两侧位置。

粉色海贼

Fense Haizei

制作过程

1. 在烤好的蛋糕面上刷上果胶或是奶油霜，取粉色翻糖擀成薄皮后包在蛋糕表面，用压平器整形出直角后用刀裁去边角，在蛋糕中心位置挤上蛋白底座后与第二层蛋糕粘接为一体。

2. 将白色翻糖擀成薄皮后用刀裁出椭圆形，在反面刷上胶水后粘接在蛋糕侧面中间位置；将咖啡色翻糖擀成薄皮后用相应的图案压模压出糖皮，在反面刷上胶水后粘接在白色糖皮上。

3. 将白色中性蛋白霜挤在小鹿的身体表面；用白色翻糖搓成椭圆形，压扁后粘接在头顶位置；取黑色翻糖搓两个小椭圆形，压扁后粘接在白色眼眶上；取黑色中性蛋白霜在鼻尖位置挤出鼻头。

4. 用红色软质蛋白霜在表面挤出小蝴蝶；用绿色翻糖擀成薄皮后裁出半圆，在反面刷上胶水后粘接在小鹿下位置；用黄色、橙色、红色软质蛋白霜挤出不同大小的小圆球；取红色翻糖搓成细长条后压在相应的软胶模中，用刀裁去边角后取出；在白色糖皮边缘刷上胶水后，将压好的花边粘接在外侧。

5. 用红色翻糖搓成圆球压在软胶模中，裁去边角后取出，在反面刷上胶水，分别粘接在蛋糕面上和蛋糕接口位置。

6. 将压好的小花反面刷上胶水，分别粘接在蛋糕面上。

242

愤怒的小鸟系列

难易度
Nan Yi Du

Fennu De Xiaoniao Xilie

制作过程

❶ ❷ ❸ ❹ ❺ ❻ ❼

1. 取绿色翻糖揉匀后搓成圆球。

2. 取黄色翻糖搓成椭圆形，压扁后在反面刷上胶水，粘接在圆球二分之一中间位置，用小号球形棒在鼻子中间挑压出八字形。

3. 取白色翻糖搓成圆球，压扁后粘接在鼻子两侧位置。

4. 取黑色翻糖搓两个小圆球，压扁后粘接在白色眼球表面；取绿色翻糖搓两个小水滴形，用豆形棒小头在表面中心位置压出凹槽；取深绿色翻糖搓成水滴形，压扁后粘接在凹槽中，用针形棒在头顶的一侧位置压出两个小洞，将做好的耳朵依次粘接在耳洞中间。

5. 取黑色翻糖搓两个细小线条后粘接在眼睛上两侧位置；用深绿色翻糖搓成圆球后压薄，粘接在眼睛上一侧位置。

6. 取深绿色翻糖搓成圆柱形后用手整形出直角，刷上胶水粘接在帽檐中间位置；取黑色翻糖擀成薄皮后用刀裁出长条，刷上胶水后粘接在帽子接口位置。

7. 将白色翻糖擀成薄皮后用刀裁成小长方形，在反面刷上胶水后粘接在鼻头下中间位置；取白色中性蛋白霜在帽子表面细裱出高光线条。

怪咖

难易度
Nan Yi Du
★★★★★

Guaika

制作过程

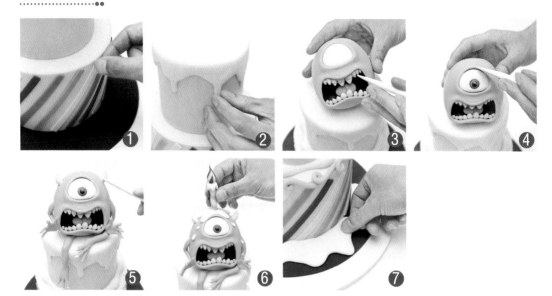

1. 用蓝色翻糖擀成薄皮后包在事先刷好果胶或是奶油霜的蛋糕面上；用黑色翻糖擀成薄皮后粘接在底板上；将绿色、橙色、红色、白色翻糖擀成薄皮后用刀裁出细长条，在反面刷上胶水后粘接在蛋糕面上。

2. 用白色翻糖擀成薄皮后包在刷好胶水的蛋糕面上，用手整形出雪堆。

3. 取绿色翻糖搓成大鸡蛋形，用捏塑刀在嘴巴的下三分之一位置切压出嘴巴；用黑色翻糖擀成薄皮后裁好形状，粘接在嘴巴里；取白色翻糖搓出不同大小的水滴形，刷上胶水后分别粘接在嘴唇内上下边缘位置，用豆形棒在嘴巴上中间位置挑压出眼眶；取白色翻糖搓椭圆形，压扁后粘接在眼眶中。

4. 用黑色翻糖搓一根细长条，刷上胶水粘接在白眼球上下边缘位置；取灰色翻糖搓成小圆球，压扁后粘接在白色眼球下中间位置；取黑色翻糖搓小圆球，压扁后粘接在灰色眼球中间位置；用白色中性蛋白霜在黑色眼球表面挤上小圆点作为高光。

5. 取白色翻糖搓两个小水滴形，在圆头一侧位置刷上胶水后分别粘接在眼睛后两侧位置，用捏塑刀裁出不同长短的线条；取绿色翻糖搓两对不同长短的线条，用手整形出手掌和手臂关节后分别粘接在嘴巴下两侧位置和眼睛下两侧位置。

6. 取白色翻糖搓成圆球，压扁后刷上胶水粘接在头顶中间处，用手整形出不规则的雪堆；取白色翻糖搓出不同大小的水滴形，刷上胶水后分别粘接在头上；用紫色和白色翻糖搓长条扭成麻绳状，然后裁出小蜡烛，挤上蛋白霜，粘接在头顶中间位置；用红色、黄色翻糖搓成水滴形，压扁后粘接在蜡烛上；将蜡烛粘接在头顶雪堆上。

7. 用白色翻糖擀成薄皮，在反面刷上胶水粘贴在蛋糕和底板的接口位置，用手整形出不规则的雪堆；用绿色翻糖搓出相同长短的线条，刷上胶水后整出形，分别粘接在蛋糕面最边缘位置。

怪咖之欢

Guaika Zhihuan

制作过程

① ② ③ ④

⑤ ⑥

1. 将蛋糕削成正方体后在表面刷上果胶或奶油霜，用蓝色翻糖擀成薄皮后包在蛋糕表面，用压平器压出直角后用刀裁去边角；取白色翻糖擀成薄皮后用相应的圆模压出圆糖皮，在反面刷上胶水后依次粘贴在蛋糕面上。

2. 用红色翻糖擀成薄皮后包在事先刷好果胶或是奶油霜的蛋糕表面，用压平器压出直角后用刀裁去边角；取白色翻糖擀成薄皮后用相应的压模压出圆糖皮，在反面刷上胶水后分别粘贴在蛋糕面上；取粉色翻糖擀成薄皮后用刀裁出长条，在反面刷上胶水后粘接在蛋糕的4个面上，用长条折叠出彩带，摆放在蛋糕面上，注意大小比例。

3. 将蓝色蛋糕面摆在红色面上，注意比例位置，确定后在蝴蝶结旁边挤上中性蛋白霜作为底座。

4. 将蓝色蛋糕底下挤上中性蛋白霜，粘接在红色蛋糕表面。

5. 用咖啡色翻糖擀成薄皮后用相应的压模压出糖片晾干；用黑色中性蛋白霜在表面挤上眼睛和纽扣作为装饰；取红色翻糖压在相应的蝴蝶结软胶模中，裁去边角后取出，在反面刷上胶水后粘接在头顶一侧位置。

6. 将事先做好的配件晾干后在反面挤上中性蛋白霜，分别粘接在蛋糕面上作为装饰。

海绵之星

难易度
Nan Yi Du
★★★★★

Haimian Zhixing

制作过程

1. 在蛋糕表面刷上果胶或是奶油霜，用黄色翻糖擀成薄皮后包在蛋糕面上，用压平器整形后裁去边角；将白色、蓝色翻糖擀成薄皮后用相应大小的椭圆压模压出糖皮，在反面刷上胶水后分别粘接在蛋糕侧面。

2. 用黑色翻糖搓成细线条后粘接在白色眼眶边缘；用黄色翻糖搓成水滴形，刷上胶水后粘接在眼睛中间位置；取黑色翻糖擀成薄皮后用小圆模压出糖片，在反面刷上胶水粘接在蓝色眼球中间；取白色翻糖搓不同大小的圆球，压扁后分别粘贴在黑色眼球表面；用黄色翻糖擀成薄皮后用圆模压出圆糖皮，在反面刷上胶水后粘接在眼睛下两侧位置。

3. 将黑色翻糖搓成细线条后刷上胶水粘接在鼻子下中间位置；用黑色翻糖搓两个小线条，刷上胶水粘接在嘴角位置；将白色翻糖擀成薄皮后用刀裁出两个小长方形，在反面刷上胶水后粘接在嘴巴中间；取小圆压模压出白色圆糖片，在反面刷上胶水后不规则地粘贴在蛋糕面上。

4. 事先裁一块不规则的糖皮定型晾干，取黑色中性蛋白霜在糖片表面细裱出字幕轮廓；用黄色软质蛋白霜将字母轮廓内挤满；用黑色软质蛋白霜在字母边缘挤出黑色背景。

5. 用蓝色翻糖擀成薄皮后包在刷好果胶或是奶油霜的蛋糕面上，用压平器整形后裁去边角，将写好字的糖片反面挤上中性蛋白霜，粘贴在蛋糕侧面中间位置，用巧克力石头糖分别粘接在蛋糕底部。

精彩舞台

Jingcai Wutai

制作过程

1. 取蓝色翻糖搓成长条后用手整形出裤腿。

2. 取白色翻糖搓两个小圆球，压扁后粘接在裤脚位置；用黑色翻糖搓两个小椭圆形，用手整形出鞋子，用捏塑刀在鞋底处切压出鞋跟；取黄色翻糖搓成鸡蛋形后，用手在一端位置压出衣边，在底部刷上胶水后粘接在腿上。

3. 取绿色翻糖搓两个长水滴形，在一端位置刷上胶水粘接在肩膀两侧；取橙色翻糖搓两个小圆球，压扁后粘贴在袖口处；取蓝色翻糖搓成圆球，压扁后用手折出皱纹，在反面刷上胶水后粘接在脖颈位置。

4. 取肉色翻糖搓成圆球后用针形棒在二分之一位置滚压出脑袋和腮部。

5. 用豆形棒小头在圆球二分之一中间位置挑压出眼眶；取白色翻糖搓两个小圆球，压扁后粘接在眼眶中；取蓝色翻糖搓两个小圆球，压扁后粘接在白色眼球上；取黑色翻糖搓两个小圆球，压扁后粘接在蓝色眼球中间；取黑色翻糖搓不同长短的线条粘接在眼眶上下位置，作为眼线；取红色翻糖搓成椭圆形，刷上胶水粘接在眼睛中间位置；用红色翻糖搓成线条后用手整形出嘴巴，刷上胶水粘接在鼻子下中间位置。

6. 用蓝色、红色翻糖搓成椭圆形后在一端位置刷上胶水粘接为一体，再粘接在脸部两侧位置。

7. 用牙签在两侧的头发上挑扎出毛边，作为发毛。

8. 将做好的头刷上胶水后粘接在脖颈位置；用咖啡色翻糖搓成椭圆形，用手整形出圆柱，粘接在压扁的咖啡色翻糖中心位置，将搓好的帽子粘接在头顶一侧位置。

精灵

Jingling

难易度
Nan Yi Du
★★★★★

制作过程

1. 在蛋糕表面刷上果胶或是奶油霜，用蓝色翻糖擀成薄皮后包在蛋糕面上，用压平器整形后裁去边角，用每层蛋糕中间位置挤上蛋白底座，依次粘接每层的蛋糕中心位置。用黄色翻糖搓成圆球，用捏塑刀在表面切压出大小不规则的线条；将黑色翻糖擀成薄皮后用刀裁出所需要的糖皮；用绿色翻糖搓成线条，整形出螺旋线条粘接在南瓜头顶中间位置，再用绿色翻糖搓成线条后整形出螺旋形线条，分别粘接在南瓜边缘。

2. 用绿色翻糖擀成薄皮，用相应的压模压出花瓣形状，在反面刷上胶水后粘接在南瓜顶部。

3. 用肉色翻糖搓两个长水滴形，用手整形出腿脚，用捏塑刀在脚头位置切压出脚趾，将腿粘接在南瓜顶位置。

4. 将蓝色翻糖擀成薄皮后用手折叠出裙边；取蓝色翻糖搓鸡蛋形后刷上胶水，粘接在裙子

上；取肉色翻糖搓两个长线条，用手整形出手臂和手掌，用捏塑刀在手掌位置切压出手指头，在手臂一侧位置刷上胶水后分别粘接在肩膀两侧位置；取肉色翻糖搓成圆球，用针形棒在二分之一位置滚压出脑袋和脸部；取黑色翻糖搓两个小椭圆形后压扁，粘接在脑袋二分之一中间位置；取黑色翻糖搓细小的线条粘接在眼睛上两侧位置；取咖啡色翻糖搓不同长短的线条，刷上胶水后依次将线条粘贴在头顶处。

5. 取蓝色翻糖搓成水滴形后用手整形出帽檐，刷上胶水后粘接在头顶中间位置；取咖啡色翻糖擀成薄皮后用刀裁出长条，粘接在帽子边缘；用白色中性蛋白霜在帽檐边缘处挤上一圈线条，用白色中性蛋白霜在黑色眼球表面挤上不同大小的圆点作为高光。

6. 将成品彩带反面刷上胶水后粘接在蛋糕侧面接口位置。

制作过程 ••••••••••••••••••••

1. 在蛋糕表面刷上果胶或奶油霜，用淡粉色翻糖擀成薄皮后包在蛋糕面上，用压平器整形，取刀片裁去多余的边角，同样的颜色包三层；取咖啡色翻糖擀成薄皮后用刀裁出不规则的边角，在反面刷上胶水后包在蛋糕表面；取粉色翻糖擀成薄皮后用刀裁出不规则的边角，在反面刷上胶水后包在蛋糕面上。

2. 用咖啡色、粉色、紫色翻糖擀成薄皮，用不同大小的圆模压出小圆糖皮，分别在反面刷上胶水后粘贴在蛋糕侧面

3. 用红色翻糖搓成圆球后用捏塑刀在一侧位置切压出纹路线条，用小圆球棒在根部压出凹槽；取绿色翻糖搓成细线条，晾干后粘接在凹槽中；用白色中性蛋白霜在蛋糕底板上挤出小曲奇，将翻糖樱桃粘接在曲奇中间位置。

4. 取粉色翻糖用花纹擀面棍擀出糖皮，用刀裁出长条后在反面刷上胶水，粘接在蛋糕侧面中间位置；用圈模压出圆糖皮，在反面刷上胶水后粘接在彩带中间位置；取白色翻糖搓成圆球压在蝴蝶结的软胶模中，裁去边角取出，在反面刷上胶水粘接在圆糖皮中间位置；用大号锯齿花嘴将白色中性蛋白霜在蛋糕面的边缘处挤上相同大小的曲奇。

5. 取白色翻糖搓成圆球，压在相应的软胶模中，用刀裁去边角后取出，将花芯位置刷上粉色色粉，在反面刷上胶水后分别粘接蛋糕侧面。

6. 用白色中性蛋白霜在蛋糕和底板接口位置挤上水滴花边。

萌动

Mengdong

制作过程 ••••••••••••••••••••••••••

❶ ❷ ❸ ❹ ❺ ❻ ❼

1. 在蛋糕表面刷上果胶或是奶油霜，用白色翻糖擀成薄皮后包在蛋糕面上，用压平器整形压平后裁去多余的边角，用相应的花边压板压出花纹，将蛋糕粘接在一起；取粉色翻糖擀成薄皮，用刀裁成长条后在反面刷上胶水，粘贴在蛋糕侧面接口位置；用刀裁出长条后用手折叠出布艺玫瑰花，粘接在蛋糕侧面。

2. 取白色翻糖搓出不同大小的圆球，分别粘接堆积在蛋糕面上。

3. 用白色翻糖擀成薄皮后在反面刷上胶水，粘贴在圆球表面；取白色翻糖搓小圆球粘接在蛋糕面上。

4. 用粉色翻糖搓成圆球，压扁后用适当的圈模压出凹槽；取白色翻糖搓成细长条，在边缘刷上胶水后粘贴在月亮边缘处；取白色翻糖搓成不同大小的圆球，分别随意地粘接在月亮表面。

5. 取红色色粉刷在月亮表面位置。

6. 用黑色中性蛋白霜在小熊眼眶中挤出黑色眼球，粘接在蛋糕面上。

7. 用粉色色粉刷在小熊嘴角两侧位置，取白色中性蛋白霜在小熊黑色眼球上挤出白色高光。

圣诞树

Shengdanshu

制作过程

1. 将蛋糕削成树干后在表面刷上果胶或是奶油霜，用红色翻糖擀成薄皮后包在蛋糕树干表面，用刀裁去多余的边角后粘接在底板中间位置。

2. 取绿色翻糖擀成薄皮后，用相应的树叶压模压出相同大小的树叶糖片，依次摆放在定型板上定型，晾干后取出，粘接在蛋糕下边缘位置。

3. 将中性蛋白霜挤在树叶糖片反面，依次粘贴在树干边缘，调整层次待晾干。

4. 将树叶从下向上地粘接，层次摆放清晰，不排队。

5. 将黄色、红色、白色翻糖揉匀后搓成小圆球，依次粘接在树叶尖端。

6. 将白色翻糖擀成薄皮后用相应的雪花压模压出糖片，晾干后粘接在小树尖上，取白色软质蛋白霜在小树尖挤上雪堆。

7. 用红色翻糖擀出一块较厚的糖皮，用刀裁成不同大小的方形；取白色翻糖擀成薄皮，裁出长条后在反面刷上胶水，粘贴在方形四个面上；用绿色翻糖擀成薄皮后取相应的树叶模压出糖片，依次粘贴在礼盒表面。

制作过程

①

②

③

④

⑤

⑥

1. 在蛋糕表面刷上果胶或是奶油霜，用白色翻糖擀成薄皮后包在第二层和第三层蛋糕面上；用灰色翻糖擀成薄皮后包在第一层蛋糕面上，在底板表面喷上饮用水，将灰色翻糖擀成薄皮包在底板上，用压平器整形压平后裁去多余的边角，将蛋糕底部挤上蛋白霜粘接在底板上。

2. 将白色翻糖擀成薄皮后用相应的压模压出圆糖片，在反面刷上胶水后粘贴在第一层的蛋糕侧面，用红色中性蛋白霜在表面挤上线条。

3. 将蓝色翻糖擀成薄皮后用刀裁出长短不同的细长条，在反面刷上胶水后依次粘贴在第二层蛋糕侧面。

4. 用红色中性蛋白霜在第三层蛋糕上细裱出棒球线条。

5. 将白色翻糖擀成较厚的糖皮，在反面刷上胶水后包裹在圆球蛋糕表面，用刀裁去多余的边角后粘接在蛋糕底板上；用红色中性蛋白霜在圆球表面细裱出棒球线条；用红色中性蛋白霜在蛋糕和底板的接口位置挤上水滴花边。

6. 将蓝色、白色翻糖擀成薄皮后用刀裁出字母线条，在反面刷上胶水后粘贴在第三层蛋糕侧面。

田园诗意

制作过程

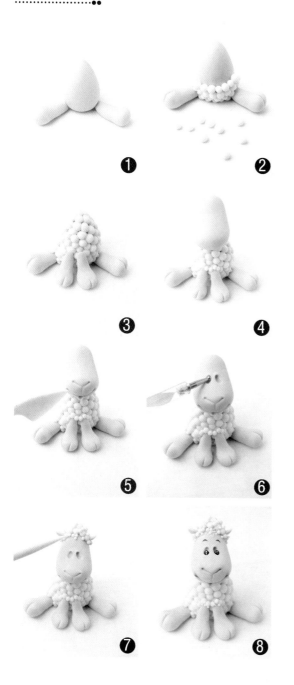

❶　❷　❸　❹　❺　❻　❼　❽

1. 取肉色翻糖搓成鸡蛋形，大头在下小头在上，用肉色翻糖搓两个小水滴形，用手整形出腿脚。

2. 用白色翻糖搓不同大小的圆球，在身体表面刷上胶水后依次将小圆球粘贴在表面，用捏塑刀在脚顶部切压出蹄子。

3. 取肉色翻糖搓成长条后用手整形出前掌，取捏塑刀在掌尖出切压出蹄子后粘贴在身体前。

4. 取肉色翻糖搓成椭圆形后用针形棒在二分之一处滚压出脑袋，刷上胶水后粘接在脖颈处。

5. 用捏塑刀在嘴巴中间位置切压出鼻子和嘴巴，用针形棒在嘴巴两侧位置挑压出嘴角。

6. 用小号球形棒在头部的二分之一中间位置挑压出眼眶。

7. 用肉色翻糖搓两个小水滴形，用针形棒在中间滚压出凹槽，刷上胶水后粘接在头顶两侧位置；用白色翻糖搓不同大小的圆球，刷上胶水后依次粘接在头顶中间位置。

8. 取黑色翻糖搓两个小椭圆，压扁后粘贴在眼眶中间；用黑色翻糖搓两个细小的线条，分别粘接在眼睛上两侧位置；用白色中性蛋白霜在黑色眼球表面挤上不同大小的圆点作为高光，用红色色粉刷在鼻孔和嘴角两侧。

制作过程

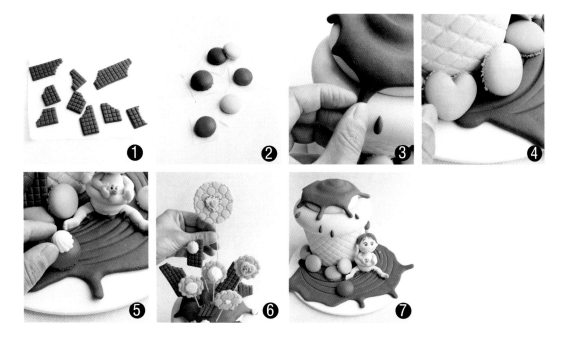

① ② ③ ④ ⑤ ⑥ ⑦

1. 用巧克力色翻糖擀出一块较厚的糖皮，用相应的压模压出糖片，晾干后备用。

2. 用黄色、红色、咖啡色翻糖搓成圆球，稍微压扁后用牙签在底部边缘挑压出毛边，作为马卡龙裙边。

3. 将咖啡色翻糖擀成薄皮后用刀裁出不规则的糖皮，在反面刷上胶水后包在蛋糕顶部，用手捏出长水滴。

4. 将事先搓好的马卡龙摆放粘贴在蛋糕底座面上。

5. 将翻糖公仔粘接在蛋糕底板上。

6. 将粉色翻糖擀成薄皮后用相应的花边压板压出糖皮，用相应的圆模压出糖片，用花枝扎进糖片中；用黄色、白色翻糖搓成圆球压在软胶模中，裁去多余的边角后取出，粘贴在糖片中间，晾干后扎进蛋糕顶部。

7. 用白色翻糖搓成圆球压在软胶模中，用刀裁去多余的边角，取出后在反面挤上蛋白霜粘贴在马卡龙中间，将装饰好的马卡龙粘贴在蛋糕底板上。

童鞋

Tongxie

制作过程

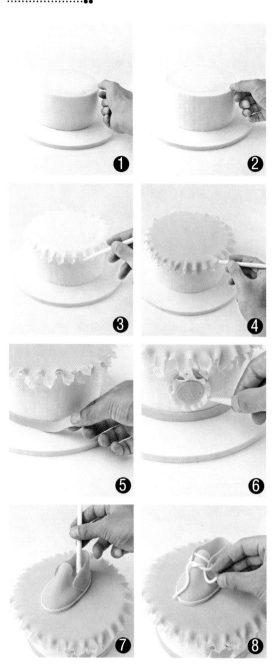

❶ ❷ ❸ ❹ ❺ ❻ ❼ ❽

1. 在蛋糕表面刷上果胶或是奶油霜，用杏仁膏或是巧克力泥擀成薄皮后包在蛋糕表面，用压平器整形压平。

2. 将白色翻糖擀成薄皮后用相应的花纹压板压出花纹，用刀裁出长条，在反面刷上胶水后粘贴在蛋糕侧面。

3. 将白色翻糖擀成薄皮后用相应的圈模压出糖皮，用花边压模压出花边，在反面刷上果胶后粘贴在蛋糕表面，用针形棒整形修边。

4. 将粉色翻糖擀成薄皮后用相应的花边模压出糖皮，在反面刷上果胶后粘贴在蛋糕表面，用针形棒修饰花边。

5. 将粉色翻糖擀成薄皮后用刀裁出细长条，在反面刷上胶水后粘贴在蛋糕侧面。

6. 将粉色翻糖擀成薄皮后用圈模压出适当的糖皮，在反面刷上胶水后粘贴在蛋糕侧面；将白色翻糖擀成薄皮，用圈模压出糖皮后，用针形棒在糖皮边缘擀出皱纹花边；将粉色翻糖擀成薄皮，用相应的圈模压出圆糖皮，在反面刷上胶水后粘接在白色翻糖皮中间位置。

7. 将粉色翻糖擀成薄皮后用相应的鞋子压模压出糖皮，用手整形后将鞋糖皮底部刷上胶水后粘接在鞋子边缘。

8. 用白色翻糖搓成长条，粘接成鞋带。

童心

Tongxin

制作过程

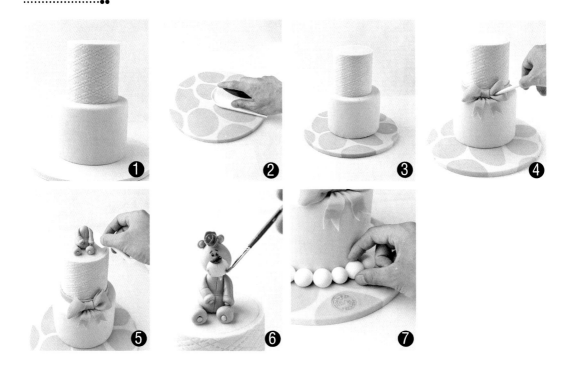

1. 在蛋糕表面刷上果胶或是奶油霜，用蓝色翻糖擀成薄皮后包在蛋糕面上，用花纹压板在蛋糕表面压出花纹糖皮，在蛋糕底部挤上蛋白霜粘接为一体。

2. 在底板表面喷上饮用水后将蓝色翻糖擀成一块较厚的糖皮；将粉色翻糖擀成一小块糖皮，压在蓝色翻糖皮表面，用压平器压紧后包在底板上，用刀裁去多余的边角。

3. 将蛋糕底部挤上蛋白霜后粘接在底板上。

4. 将粉色翻糖擀成薄皮后用刀裁出长条，在反面刷上胶水后粘贴在蛋糕侧面接口位置，用手折叠出蝴蝶结后粘接在蛋糕侧面接口位置。

5. 用深蓝色翻糖搓成鸡蛋形后用捏塑刀切压出布袋熊的布纹线条；取深蓝色翻糖搓两对相同大小的长水滴，用手整形后分别粘贴在臀部两侧和肩膀两侧；用粉色翻糖搓四个小圆球，压扁后粘贴在脚掌和手掌中心位置。

6. 取深蓝色翻糖搓成水滴形头部；用肉色翻糖搓成圆球，压扁后粘贴在头部的二分之一位置，用捏塑刀在鼻头中间切压出单线条；取咖啡色翻糖搓成小椭圆形，压扁后粘贴在鼻头中间位置；取黑色翻糖搓两个小圆球，压扁后粘贴在鼻子上中间位置，搓两个小线条粘接在眼睛上两侧；用蓝色翻糖搓两个小圆球，将豆形棒对准中心位置压出凹槽；取粉色翻糖搓两个小圆球，压扁后粘贴在耳洞中间，用刀切出一个切面后刷上胶水，粘接在头顶后两侧；取红色翻糖搓出不同大小的圆球，压扁后将花瓣粘贴包在花苞边缘，捏制出玫瑰花后粘接在耳朵头顶中间位置，用粉色色粉刷在嘴角两侧。

7. 取白色翻糖搓出不同大小的圆球，依次粘接在蛋糕底板接口位置。

金榜題名

望子成龙

Wangzi Chenglong

制作过程

1. 在蛋糕表面刷上果胶或是奶油霜，用白色翻糖擀成薄皮后包在蛋糕表面，用花纹压板压出纹路线条，在蛋糕底部挤上蛋白霜后粘接在蛋糕面上。

2. 将黑色翻糖擀成薄皮后用刀裁出长条，在反面刷上胶水后粘贴在蛋糕侧面。

3. 将红色翻糖擀成薄皮，用刀裁出细长条，在反面刷上胶水后粘贴在黑色线条中间。

4. 将黑色翻糖擀成薄皮后裁出长条，在反面刷上胶水后粘贴在蛋糕侧面中间位置；将红色翻糖擀成薄皮后用刀裁出长条，在长条根部刷上胶水后用手折叠出布艺玫瑰花，用刀裁去多余的边角后粘接在蛋糕面上。

5. 用暗红色翻糖搓成圆球，压扁后用相应的花纹压模压出字母线条，在反面刷上胶水后粘贴在黑色长条中间，用白色珠光粉刷在蛋糕中心位置，在糖片表面刷上胶水后粘贴上彩珠糖。

6. 将白色翻糖擀成薄皮后用刀裁出长方形，卷起糖皮后用黑色翻糖裁出长条粘贴在白色糖皮中间；将黑色翻糖擀成薄皮后用手折叠出蝴蝶结，在反面挤上蛋白霜后粘贴在黑色彩带中间，用红色中性蛋白霜在表面细裱出字体。

7. 将黑色翻糖擀成薄皮后用刀裁出相应的形状，在中间挤上蛋白霜后粘接为一体，用黑色翻糖搓成细线条后粘接在蛋糕面上。

小黄人

Xiaohuangren

制作过程

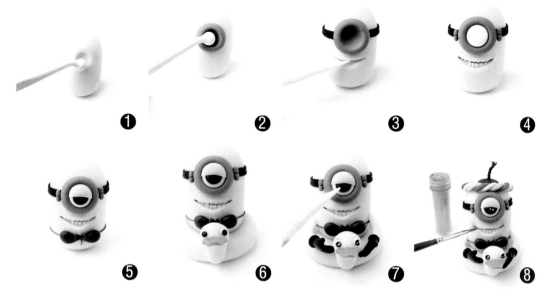

❶ ❷ ❸ ❹

❺ ❻ ❼ ❽

1. 用黄色翻糖搓成圆柱后，用豆形棒大头在中间二分之一位置挑压出眼眶。

2. 取灰色翻糖搓成圆球，压扁后刷上胶水粘贴在眼眶中，用豆形棒大头在眼球中挑压出眼眶。

3. 将黑色翻糖擀薄后用刀裁出长条，在反面刷上胶水后粘接在脑袋边缘，用捏塑刀在眼睛下中间位置切压出嘴巴。

4. 用白色翻糖搓成小圆球，压扁后粘贴在眼眶中，用白色翻糖搓两个小长条，压扁后粘接在嘴巴内，用捏塑刀在表面切压出牙齿。

5. 将咖啡色翻糖搓成细线条后粘接在身体一圈位置；用咖啡色翻糖搓两个小水滴形，压扁后粘贴嘴巴中间位置，用捏塑刀在表面切压出纹路线条；取黑色翻糖搓成圆球，压扁后粘贴在白色眼球中间；用咖啡色、黑色翻糖搓成圆球，压扁后粘贴在黑色眼球中间；将黄色翻糖搓成圆球，压扁后用刀切去一半，在反面刷上胶水后粘接在眼球顶部。

6. 将黄色翻糖搓成长条后粘接在身体下边缘位

置，取黄色翻糖搓成水滴形，用豆形棒在头部三分之一处的两侧挑压出眼眶；取白色翻糖搓两个小圆球，压扁后粘接在眼眶中；用黑色翻糖搓成小圆球，压扁后粘贴在白色眼球中间；用橙色翻糖搓成水滴形，压扁后用捏塑刀在中间切压出嘴巴，用针形棒在两侧位置挑压出嘴角。

7. 将黄色翻糖搓成长条后用刀取出相同长短的线条；取黑色翻糖搓两个小水滴，压扁后用捏塑刀切压出手指头，在手臂位置粘接上手掌；用白色中性蛋白霜在黑色眼球表面挤上高光；用白色中性蛋白霜在黑色眼球中间位置挤出小圆球，作为高光。

8. 将黄、红、绿色翻糖搓成细线条后缠绕成线条，粘接在头顶中间位置；用咖啡色翻糖搓成小圆，压扁后粘贴在头顶中间位置；用咖啡色翻糖搓成短小的线条后用刀切出发辫，粘接在头顶中间位置，用红色色粉在嘴角两侧刷上腮红。

273

超级马里奥

Chaoji Maliao

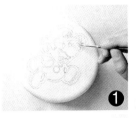

制作过程

1. 在蛋糕表面刷上果胶或是奶油霜，用蓝色翻糖擀成薄皮后包在蛋糕表面，用压平器整形后裁去边角，用毛笔在蛋糕表面画上图案底稿。

2. 用黑色中性蛋白霜在底稿上挤出轮廓线条。

3. 用黑色软质蛋白霜挤在轮廓边缘处。

4. 将蓝色软质蛋白霜挤在裤子轮廓线条中。

5. 取白色软质蛋白霜挤在手套的轮廓线条中。

6. 取红色软质蛋白霜挤在帽子和以上的轮廓线条中。

7. 将黄色软质蛋白霜挤在纽扣的轮廓中，取肉色软质蛋白霜挤在脸部的轮廓中。

8. 用巧克力色软质蛋白霜挤在鞋子和胡须、头发的轮廓线中，取白色软质蛋白霜挤在鞋底位置。

彩妆

Caizhuang

①
②
③
④

⑤

制作过程 ●●

1. 事先将蛋糕用翻糖皮包紧，用刀裁去边角后将两个蛋糕粘接成一体，用橘黄色色素在蛋糕表面画上不规则的圆。

2. 用黑色色素在不规则的圆边缘画上不规则的粗细线条。

3. 用粉色翻糖擀成薄皮，包在事先削好的蛋糕面上，切去边角后用针形棒在表面压出皮包纹；将黑色翻糖搓成长条后压在拉链的软胶模中，取出后刷上胶水粘接在皮包中心位置；将黑色翻糖擀成薄皮后用圈模压出C形，在反面刷上胶水后依次粘接在皮包一侧位置。

4. 将黑色翻糖揉匀后擀成厚皮，用相应的圈模压出圆形；用深蓝色、红色、橙色翻糖搓圆压扁后刷上胶水，粘接在圈模中心位置，在眼影反面挤上小圆后粘接在蛋糕表现。

5. 将黑色翻糖搓成长条后用刀裁出平面切面；用红色翻糖搓成长条后刷上胶水，粘接在黑色长条一侧位置，用中性蛋白霜在反面挤上底座后粘接在蛋糕表面一侧。

豹纹胸衣

Baowen Xiongyi

制作过程

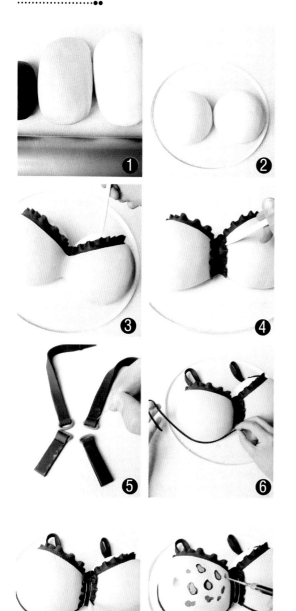

1. 事先准备擀面棍和调好颜色的翻糖。

2. 将事先削好的蛋糕表面刷上果胶或是奶油霜，再将肉色翻糖擀成薄皮包在蛋糕表面，用刀将边角裁掉。

3. 分别将咖啡色和黑色翻糖擀成薄皮，取咖啡色糖皮包在刷上水的蛋糕面上，用刀裁出胸衣的形状后将黑色糖皮裁成长条形，用针形棒将边缘处擀皱，刷上胶水后粘接在内衣的边缘处，作为花边。

4. 将黑色翻糖长条皮用针形棒在两边擀出皱纹后刷上胶水，粘接在两个胸体的中间位置。

5. 用黑色翻糖擀成薄皮，裁出细长条后拿起一端折叠；将灰色翻糖搓成细长条后穿过空隙锁住接口，取彩针在接缝处扎出针线。

6. 将做好的胸衣带分别粘接在内衣两侧，用黑色翻糖揉匀后搓成细长条，刷上胶水粘接在胸衣的下边缘处。

7. 用白色中性蛋白霜在胸衣的中间彩带两侧位置挤上小花边作为装饰。

8. 用黄色、咖啡色色素在胸衣的表面彩绘出豹纹。

制作过程 ..••

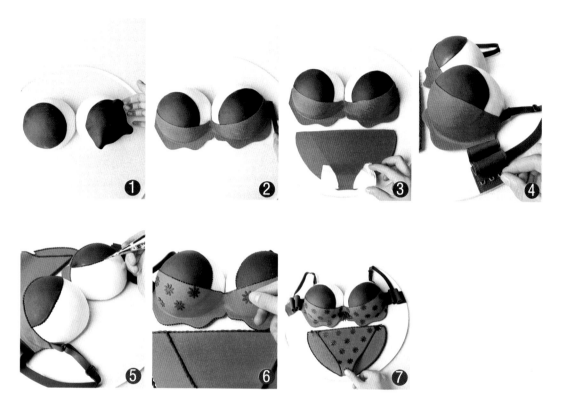

1. 在削好的蛋糕表面刷上果胶或是奶油霜，将肉色翻糖擀成薄皮后包在蛋糕上，用刀裁去边角，将压好的黑色翻糖皮刷上胶水粘接在蛋糕上。

2. 将红色翻糖擀成薄皮后刷上胶水，粘接在蛋糕下方一侧位置，贴紧后用捏塑刀裁去边角。

3. 取红色翻糖擀成薄皮后用刀裁出所需要的形状，用纸巾折叠后支撑在中间位置。

4. 将黑色翻糖擀成薄皮后用刀裁成长条，刷上胶水粘接在内衣的两侧位置；用灰色翻糖搓成细线条，整出形状后粘接在黑色糖皮上作为衣扣；用刀裁出细线条折叠出内衣带粘接在内衣两侧位置。

5. 用黑色中性蛋白霜在内衣的边缘处挤上花边。

6. 取黑色翻糖擀成薄皮后用相应的花卉压模压出花瓣，在反面刷上胶水后粘接在红色糖皮表面。

7. 取黑色翻糖擀成薄皮后用小花模压出小花瓣，在反面刷上胶水后不规则地粘接在内裤表面。

青春少女

Qingchun Shaonv

制作过程

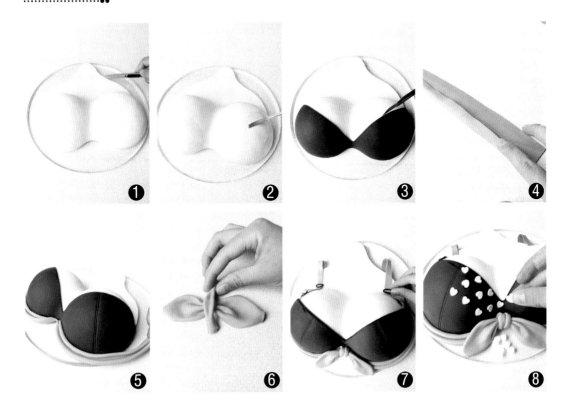

1. 事先将蛋糕削好后用肉色翻糖擀成薄皮，用果胶或奶油霜刷在蛋糕表面，将擀好的糖衣皮粘贴在蛋糕表面，用刀裁去多余边角，修去毛边。

2. 用胶水或饮用水在蛋糕上刷出内衣的形状。

3. 用黑色翻糖擀成薄皮后包在蛋糕上，用刀裁出内衣的形体后修饰边角。

4. 将红色翻糖擀成薄皮后用刀裁出长方形，在反面刷上胶水后对角折叠。

5. 在内衣边缘位置刷上胶水后折叠粘接在内衣上。

6. 将红色翻糖擀成薄皮后用刀裁出两个长条，在边缘处刷上胶水后折叠出布纹。

7. 将红色翻糖擀成薄皮后用刀裁出长条，在一端处折叠出文胸带，在反面刷上胶水后粘贴在文胸两侧，用黑色翻糖搓成细长条后粘接在内衣带上，将蝴蝶结粘接在内衣中间位置。

8. 用白色翻糖擀成薄皮后用心形模压出糖片，在反面刷上胶水后粘贴在文胸表面。

初恋
Chulian

难易度
Nan Yi Du
★★★★★

制作过程 ●●

1. 用果胶或奶油霜刷在蛋糕表面，将粉色翻糖擀成薄皮后包在蛋糕面上，用刀裁去边角后将蛋糕大小粘接为一体。

2. 将成品的彩带翻糖刷上胶水后粘贴在蛋糕底接口位置。

3. 取咖啡色翻糖搓成圆柱形；用粉色翻糖擀成薄皮，裁出细长条后刷上胶水，依次粘贴在圆柱表面；取淡粉色翻糖搓成圆球后压扁，用豆形棒小头在表面挑压出眼眶；取黑色翻糖搓两个小椭圆形压扁后粘接在眼眶中；取白色中性蛋白霜在黑色眼球表面挤出眼球高光；用黑色翻糖搓细线条，刷上胶水粘接在眼睛下中间位置；取淡粉色翻糖搓圆压扁后在反面刷上胶水，用手捏出边缘线条。

4. 取红色翻糖搓成圆球后用手整形出水滴形，用豆形棒小头在表面挑压出眼眶；取白色翻糖搓两个小椭圆形压扁后粘接在眼眶中；取黑色翻糖搓小椭圆形压扁后粘接在白色眼球表面；用白色中性蛋白霜在黑色眼球上挤出不同大小的小圆点，用针形棒在鼻子下中间位置挑压出嘴巴，用小球棒在表面压出凹

槽；取黄色中性蛋白霜在草莓表面凹槽中挤出小圆点；取绿色翻糖搓三个水滴形，压扁后用捏塑刀在表面切压出线条纹路，在草莓下挤出蛋白底座后粘接在蛋糕表面一侧位置。

5. 取粉色翻糖搓四个长条；用红色翻糖擀成薄皮，刷上胶水后粘接在两个粉色长条上部，将另外两个粉色长条分别粘接在肩膀两侧，作为身体；取粉色翻糖揉匀后搓成圆球，压扁后粘接在脖颈处；用黑色中性蛋白霜在头部的二分之一中间位置挤出眼线，在黑色翻糖皮上用小圆压模压出小圆点，刷上胶水粘接在眼睛下中间位置；取白色翻糖搓成椭圆形，压扁后粘接在黑色嘴巴上下位置；取红色翻糖搓两个小圆，压扁后粘接在眼睛下两侧位置；取白色翻糖搓圆压扁，用捏塑刀切压出花瓣纹路。

6. 将咖啡色翻糖擀成薄皮后用相应的压模压出纹路，取圈模压出相应的圆糖皮，在花枝一端位置刷上胶水后扎进糖皮中，将做好的糖片依次粘接在小猫身后。

283

少女之心

Shaonv Zhixin

制作过程

1. 在蛋糕表面刷上果胶或是奶油霜，用黄色翻糖揉匀后擀成薄皮包在蛋糕上，用压平器压平整形后裁去多余的边角，用中性蛋白霜将蛋糕粘接为一体；取绿色翻糖擀成薄皮后包在底板上，用刀裁去多余的边角，挤上蛋白霜，将蛋糕粘接在底板中心。

2. 取白色翻糖搓成小圆球，压在相应的软胶模中，裁去边角后取出小花，用黄色、粉色色粉刷在小花表面。

3. 用白色中性蛋白霜在蛋糕和底板的接口处挤上大小渐变的小圆球作为花边。

4. 用蕾丝膏涂抹在蕾丝软胶模中，刮平后修去边角，晾干后脱模取出，在边缘挤上蛋白霜后粘接在蛋糕侧面。

5. 将蕾丝配件粘贴在蛋糕面上，在白色中性蛋白霜蕾丝配件底部挤上不同大小的圆球。

6. 用白色中性蛋白霜在小花反面挤上底座，分别粘贴在蛋糕面上；用白色中性蛋白霜在蛋糕表面挤上不同大小的圆点。

7. 将做好的公仔脚底挤上蛋白霜后粘接在蛋糕底板一侧。

8. 用中性蛋白霜挤在另一个公仔脚底，粘接在蛋糕最上面中心位置。

等待

Dengdai

制作过程

1. 在蛋糕表面刷上果胶或奶油霜，将黄色翻糖擀成薄皮后包在蛋糕表面，用压平器整形后裁去边角；将白色翻糖擀成薄皮，用相应的圈模压出圆糖皮，在反面刷上胶水后粘接在蛋糕面中心位置。

2. 在成品彩带反面刷上胶水后粘接在蛋糕接口处。

3. 用粉色翻糖搓成圆球，压扁后用字母线条压模压出花纹，用粉色珠光粉在表面刷上颜色，在反面刷上胶水后粘接在蛋糕侧面。

4. 取肉色翻糖搓两个长条后用手整形出腿和脚，用捏塑刀在脚尖出切压出脚趾，将两条腿摆放粘接在蛋糕面上。

5. 将紫色翻糖擀成薄皮后用刀裁出裙子，在反面刷上胶水后依次粘接在臀部位置，用捏塑刀在裙子表面切压出线条纹路。

6. 取肉色翻糖搓成水滴形，用针形棒整形出身体，刷上胶水后粘接在腰上；将紫色翻糖擀成薄皮后粘接在身体表面。

7. 取肉色翻糖搓两个小长条后用手整形出手臂，用捏塑刀在手掌位置切压出手指头，在膀臂两侧位置刷上胶水后分别粘接上手臂。

8. 用肉色翻糖搓成圆球，用针形棒在头部的二分之一位置滚压出脑袋和颧骨位置，用豆形棒小头在头部的中间位置挑压出眼眶；用白色翻糖搓两个圆球，压扁后粘接在眼眶中；取黑色翻糖搓两个椭圆形，压扁后粘接在白色眼球上；用捏塑刀压切出上下嘴唇；用咖啡色翻糖搓出不同长短的线条，依次粘接头顶位置；取粉色翻糖长条压扁后卷出三朵小花粘接在头顶一侧，取粉色珠光粉刷出腮红。

期待初恋

制作过程

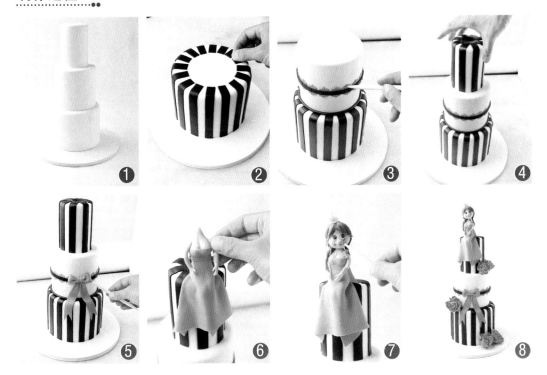

① ② ③ ④

⑤ ⑥ ⑦ ⑧

1. 在蛋糕表面刷上果胶或是奶油霜，用白色翻糖擀成薄皮后包在蛋糕表面，用压平器整形后裁去多余的翻糖边角，将蛋白霜挤在蛋糕底后粘接在底板上。

2. 将黑色翻糖擀成薄皮后用刀裁出相同长短的长条，在反面刷上胶水后分别粘贴在蛋糕面上。

3. 取黑色翻糖擀成薄皮后在反面刷上胶水，粘贴在蛋糕侧面；将粉色翻糖擀成薄皮后用相应的花边模压出糖皮，在反面刷上胶水后粘贴在黑色花边上下两侧。

4. 将黑色翻糖擀成薄皮后用刀裁成长条，在反面刷上胶水后依次粘贴在蛋糕面上，用蛋白霜挤在蛋糕底，将蛋糕粘接为一体。

5. 将粉色翻糖擀成薄皮后用刀裁出长条，用手折叠出蝴蝶结，在反面刷上胶水后粘贴在蛋糕中心位置。

6. 将肉色翻糖搓成长条后在反面刷上胶水粘接在蛋糕面上；取肉色翻糖搓成水滴形，用针形棒整形出身体；将粉色翻糖擀成薄皮，在反面刷上胶水后粘贴在身体表面，用手折叠出裙摆。

7. 用肉色翻糖搓成圆球，取针形棒在圆球中间位置滚压出脑袋，用豆形棒小头在头部的二分之一中间位置挑压出眼眶；取白色翻糖搓两个椭圆形，压扁后粘贴在眼眶中间；取黑色翻糖搓两个小椭圆，压扁后粘贴在白色眼眶上；用针形棒在嘴巴两侧位置挑压出嘴角；将咖啡色翻糖搓出不同长短的线条，在头顶刷上胶水后依次将头发粘接在头顶上；取黄色翻糖擀成薄皮后用刀裁去边角，整形后粘接在头顶一侧，用粉色色粉在脸上刷出腮红。

8. 将做好的翻糖花扎进蛋糕面上，摆放时注意蛋糕的平衡。

制作过程

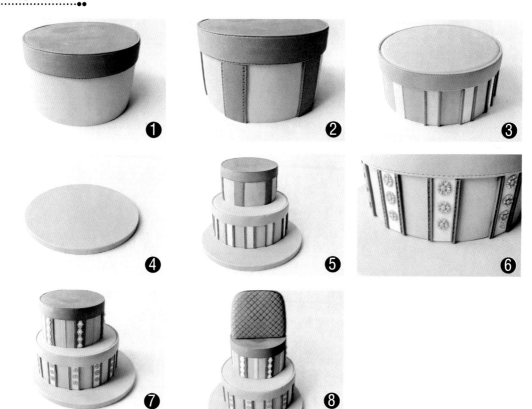

1. 在蛋糕表面刷上果胶或是奶油霜，用粉色翻糖擀成薄皮包在蛋糕表面，用压平器整形后将边角用刀裁去；将深蓝色翻糖擀成薄皮后用刀裁出长条，在反面刷上胶水后粘接在蛋糕面上，用彩针扎出针线线条。

2. 取蓝色翻糖擀成薄皮后用刀裁出长条，在反面刷上胶水后粘贴在蛋糕侧面，用彩针在长条糖皮边缘位置扎上针线。

3. 将粉色翻糖擀成薄皮后用刀裁出长条，在反面刷上胶水后粘贴在蛋糕侧面的顶部边缘位置；用白色翻糖擀成薄皮后粘接在蛋糕侧面位置；用深蓝色翻糖皮裁出长条后分别粘接在两侧。

4. 用粉色翻糖擀成薄皮后包在底板表面，用压平器整形裁去边角。

5. 将蛋糕粘接在挤好蛋白霜的底板上，用中性蛋白霜在蛋糕中间位置挤出底座，粘接上第二层蛋糕。

6. 将粉色翻糖搓成小圆球后压在相应的软胶模中，裁去边角后取出，在反面刷上胶水，分别粘接在彩带中间位置。

7. 将白色翻糖搓成小圆球压在软胶模中，裁去边角后取出，依次粘接在第二层彩带中间位置。

8. 将深蓝色翻糖皮包在事先刷好果胶或是奶油霜的蛋糕表面，用花纹压板压出花纹后粘接在双层蛋糕面上；取黑色翻糖搓成长条压在拉链的软胶模中裁去边角后取出，刷上胶水后粘接在包口中间位置。

闲情幸福

Xianqing Xingfu

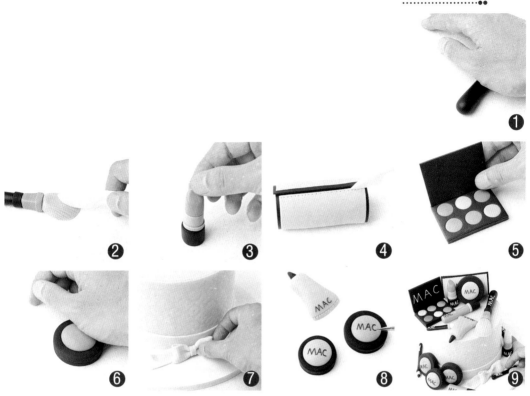

1. 取黑色翻糖搓成长条，用刀裁出适中的长短。

2. 取暗蓝色翻糖搓成小椭圆形，压出小方形，在一侧中间位置刷上胶水后粘接在黑色长条中间；取肉色翻糖搓成水滴形，压扁后粘接为一体，用捏塑刀在表面切压出单根线条。

3. 将黑色翻糖搓成长条，用灰色翻糖搓成长条后切出短长条，粘接为一体；用橙色翻糖搓成小长条，用刀切出一个切面后粘接在灰色短长条中间位置。

4. 将蛋糕削成圆柱形状，用黑色翻糖擀成薄皮，裁出长方形；用咖啡色翻糖擀成薄皮，裁出长方形，在反面刷上胶水后粘贴为一体，用针形棒在表面扎出针线后包在圆柱蛋糕表面，用捏塑刀修饰边角。

5. 用黑色翻糖擀出一块较厚的糖皮，用相应的圈模压出圆皮；将墨绿色、粉色、肉色等翻糖搓成小圆球，压扁后粘贴在小圆皮内；用黑色翻糖擀成薄皮，用刀裁出相应的长方形晾干，在接口处挤上中性蛋白霜，粘接在彩妆盒的边缘接口位置。

6. 用黑色翻糖擀出一块较厚的糖皮，用相应的圈模压出圆糖皮，将紫色翻糖搓成圆球压在掏出的圆糖皮中压扁。

7. 在蛋糕表面刷上果胶或是奶油霜，将粉色翻糖擀成薄皮后用相应的花纹压板压出花纹线条，包在蛋糕表面；用粉色翻糖裁出长条，在反面刷上胶水后粘接在蛋糕侧面接口位置；将粉色翻糖长皮用手折叠出蝴蝶结，粘接在蛋糕个底板中接口位置。

8. 用中性黑色蛋白霜在表面细裱出字母线条。

9. 将事先做好的彩妆配件分别粘贴在蛋糕表面。

锦盒绣花

Jinhe Xiuhua

制作过程

1. 在蛋糕表面刷上果胶或是奶油霜，用橘红色翻糖擀成薄皮后包在蛋糕面上，用压平器整形压平；取红色中性蛋白霜在蛋糕表面一侧位置挤出花瓣线条轮廓；取白色中性蛋白霜在花瓣内挤上碎小的细线条，依次摆放在成型的蛋糕上，线条要有过渡色；用绿色、白色蛋白霜挤出花芯线条色块；取粉色中性蛋白霜在花芯位置挤出花苞，用红色翻糖在每个小圆球中心位置挤上小圆点。

2. 在锦盒表面细裱出图案线条，将线条摆放堆积出绣花图案；取咖啡色翻糖包在蛋糕侧面，用直角压板或是直尺切压出小网格线条；取暗蓝色翻糖擀成薄皮后包在蛋糕上下面上，用手整形后将蛋糕粘接在第一层的锦盒上。

3. 在锦盒表面用白色、黄色、绿色中性蛋白霜挤出细小线条，将线条堆积出色块，图案色块不规则地粘在锦盒表面。

4. 取红色翻糖搓成圆球后定型晾干；将红色翻糖搓成细线条，缠绕为一体后刷上胶水，依次粘接在锦盒侧面中间位置。

5. 取咖啡色翻糖搓细线条后摆出想要的形状定型晾干，用铜色珠光粉刷在表面后，用酒精再刷一层晾干，在反面挤上蛋白霜底座后粘接在锦盒中间位置。

6. 将第三层锦盒蛋糕底挤上底座，粘接在第二层的蛋糕面上。

脉动舞姿
Maidong Wuzi

难易度
Nan Yi Du
★★★★★

制作过程

❶

❷ ❸ ❹ ❺

❻ ❼ ❽ ❾

1. 在蛋糕表面刷上果胶或是奶油霜，用白色翻糖擀成薄皮后包在蛋糕面上，用压平器整形压平后裁去边角，将三层蛋糕依次粘接在一起。

2. 用暗红色、橙色、蓝色翻糖擀成薄皮后裁成长条，用刀裁出长短相同的长条后折叠，在一端位置刷上胶水后粘接在一起，侧面立起晾干备用。

3. 将彩带折叠处插上牙签后分别粘接在蛋糕侧面边缘位置。

4. 将不同颜色的翻糖彩带围绕蛋糕最边缘扎一圈，摆放紧凑。

5. 用不同颜色的翻糖彩带扎进蛋糕顶，整体呈蒙古包形。

6. 将蕾丝膏涂抹在蕾丝模中，刮平后修去毛边，晾干后脱模取出，粘贴在蛋糕表面，用喷枪在蛋糕侧面边缘处喷出渐变颜色。

7. 用软质白色蛋白霜在彩带下挤出雪堆。

8. 将红色、黄色、咖啡色翻糖搓成圆球，压扁后用牙签在最边缘处挑压出毛边；取白色翻糖搓成小圆球压在软胶模中，裁去边角后取出，在反面挤上蛋白霜底座后分别粘接在马卡龙表面，用蛋白霜给马卡龙挤上底座后粘接在蛋糕侧面。

9. 将红色翻糖擀成薄皮后，用相应小丑的压模压出糖皮，在反面刷上胶水粘贴在蛋糕侧面位置；用不同颜色的翻糖搓成小圆球，压在相应的软胶模中裁去边角，取出后分别粘接在蛋糕面边缘。

苗族首饰

Miaozu Shoushi

制作过程

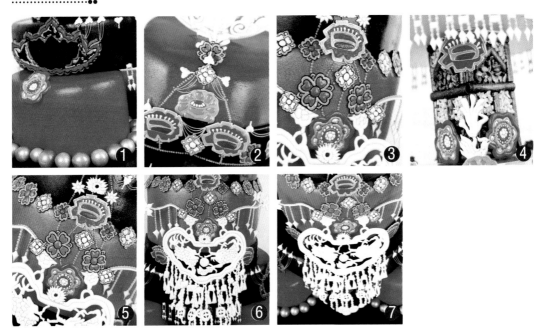

1. 将削好的蛋糕表面刷上果胶或是奶油霜，用红色翻糖擀成薄皮后包在蛋糕表面，用压平器压平整形后裁去边角，再用硬质蛋白霜粘接在蛋糕底板上；取红色、蓝色翻糖搓出相同大小的圆球，依次粘接在蛋糕边缘。

2. 事先将想要的图案画在纸上，用玻璃纸覆盖在表面，取不同颜色的软质蛋白霜挤出图案糖片，晾干后取下，在反面挤上中性蛋白霜，分别粘接在蛋糕面上；用咖啡色中性蛋白霜在蛋糕表面挤上花瓣线条。

3. 用咖啡色中性蛋白霜在玻璃纸上挤出小花轮廓线条，将绿色、红色软质蛋白霜挤在轮廓线条内，晾干后脱模取下，在反面挤上中性蛋白霜后粘接在蛋糕表面，将事先做好的蛋白糖片粘接在蛋糕侧面。

4. 将事先做好的糖片粘接在蛋糕表面，用中性蛋白霜将糖片装饰件依次粘接在蛋糕底板边缘。

5. 用白色珠光粉刷在配件表面。

6. 用酒精喷在配件表面，这样珠光粉不会脱落。

7. 用酒精或是食用亮油喷在蛋糕表面，起到锁住颜色和防潮的作用。

民族彩砖

Minzu Caizhuan

制作过程

1. 用蓝色翻糖搓成圆球后压在相应的软胶模中，裁去多余的边角后取出，在反面挤上中性蛋白霜粘接在相应的轮廓中；用白色翻糖搓成小圆球，刷上胶水粘接在糖片边缘；取白色翻糖搓成长条压在相应的珍珠软胶模中，用刀裁去边角后粘接在蛋糕侧面。

2. 将白色翻糖擀成薄皮，用相应的花边模压出花边糖皮，在反面刷上胶水后分别粘贴在蛋糕侧面边缘。

3. 将墨绿色翻糖擀成薄皮后，用蕾丝软胶模在表面压出纹路，用刀裁出长条，在反面刷上胶水后粘贴在蛋糕面上；用白色中性蛋白霜在蛋糕接口位置挤上一圈水滴花边。

4. 用黄色翻糖搓成小圆球压在相应的软胶模中，用刀裁去多余的边角后取出；调制出金粉液体，用喷枪喷在配件表面，在反面挤上中性蛋白霜依次粘贴在蛋糕侧面边缘。

5. 用蓝色翻糖压在相应的软胶模中，用刀裁去多余的边角后取出晾干；用白色中性蛋白霜在边缘挤上一圈相同大小的圆球晾干，调出白色珠光粉液体，用喷枪在配件表面喷上珠光色后晾干取出，在反面挤上中性蛋白霜，分别粘接在蛋糕侧面的网格线条接口处；用墨绿色翻糖搓出相同大小的圆球，依次摆放粘接在蛋糕侧面接口处。

6. 事先在纸上绘画出凤凰的图案，用玻璃纸覆盖在纸的表面，取红色中性蛋白霜挤出凤凰的轮廓线条，将红色软质蛋白霜挤在相应的轮廓线条中，晾干取出后，用中性蛋白霜在边缘处挤上蛋白霜底座，依次粘接在蛋糕侧面，之间的空隙为2厘米。

深情

Shenqing

制作过程

1. 用刮板将蕾丝膏涂抹在相应的蕾丝模中。

2. 用刮板将表面刮平后修去毛边，放置烘干机中晾干。

3. 待表面用手触摸时感觉干干滑滑后取出，用剪刀将蕾丝糖皮剪出上下花边和中间的花纹糖片。

4. 用白色中性蛋白霜在玻璃纸表面挤上小雪花，晾干后取出。

5. 在蛋糕边缘挤上蛋白霜底座，将事先剪好的蕾丝糖片花边粘贴在蛋糕边缘；取白色中性蛋白霜在花边接口位置挤上豆型花边。

6. 在蕾丝糖片反面的边缘挤上底座后粘贴在蛋糕侧面。

7. 将雪花脱模，粘贴在蛋糕侧面，用中性蛋白霜在雪花上挤出小圆点。

8. 将翻糖牡丹花和翻糖树叶扎进蛋糕侧面，以花束形式呈现，整体掌握平衡角度。

9. 将蕾丝蝴蝶糖片取出后粘接在花枝一角。

田园沐浴

Tianyuan Muyu

难易度
Nan Yi Du
★★★★★

①

②

③

④

⑤

1. 在蛋糕表面刷上果胶或是奶油霜，用白色翻糖擀成薄皮后包在蛋糕面上，用刀裁去多余的边角，用蛋白霜挤在蛋糕中心位置后依次粘接为一体；用黑色中性蛋白霜在蛋糕表面挤出花纹轮廓线条，用黑色软质蛋白霜挤在加粗的轮廓线条中；取黑色中性蛋白霜在蛋糕侧面接口位置挤上水滴形花边。

2. 用白色翻糖搓相同大小的圆球粘接在蛋糕表面的网格交叉口上，在底板上彩绘出田园小树叶花纹，用绿色彩带粘贴在蛋糕侧面边缘位置。

3. 用白色翻糖擀成薄皮后用玉兰花模压出花瓣，整形花瓣后用花枝扎进花瓣根部捏紧，

定型晾干，用橙色色粉上色；取绿色胶带纸将花瓣捆扎为一朵；取出做好的翻糖树叶刷上绿色色粉，用绿色胶带纸将玉兰花和翻糖树叶捆扎为一束，摆放在蛋糕底板中间位置。

4. 将蛋糕削成砖石形体后在表面刷上果胶或奶油霜，将白色翻糖擀成薄皮包在蛋糕表面，晾干后在蛋糕表面彩绘出玉兰花图案，用拉糖滴出相同大小的水钻，分别粘贴在边角线上。

5. 将做好的玉兰花捆扎成花束后扎进蛋糕面上，掌握整体的平衡。

306

忘情

Wangqing

制作过程

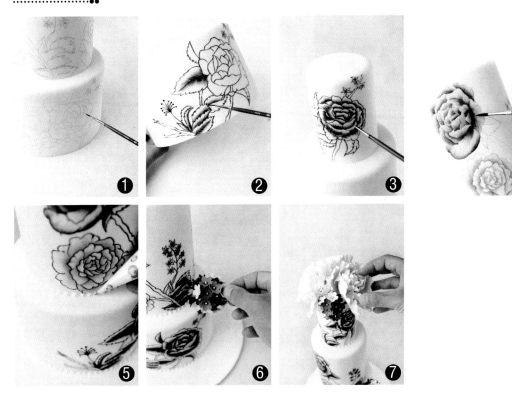

1. 在蛋糕表面刷上果胶或是奶油霜，用白色翻糖擀成薄皮后包在蛋糕表面，用刀裁去多余的边角，在蛋糕底挤上蛋白霜底座，将蛋糕粘接为一体，用毛笔在蛋糕表面画出线条轮廓。

2. 用毛笔在树叶轮廓线条中画出细小的单线条，组成出色块，线条要有粗细变化，颜色要有深浅变化

3. 用毛笔在牡丹花轮廓线条中画出单线条，组成出色块，线条要有粗细变化，颜色要有深浅变化。

4. 用蓝色和紫蓝色在牡丹花瓣中画出颜色渐变。

5. 用白色中性蛋白霜在蛋糕接口边缘挤上水滴花边。

6. 将深蓝色和白色翻糖擀成薄皮后用相应的小花模压出花瓣，放在定型板上定型晾干后扎进花枝中，用绿色胶带捆扎为一束后扎进蛋糕侧面。

7. 将事先做好的翻糖花扎进蛋糕最上面中间。

英式茶点

Yingshi Chadian

制作过程

①

②

③

④

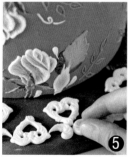

⑤

⑥

⑦

1. 在蛋糕表面刷上果胶或是奶油霜，用咖啡色翻糖擀成薄皮后包在蛋糕表面，用压平器整形压平后裁去多余的边角，在蛋糕底挤上蛋白霜底座后将蛋糕依次粘接为一体，用毛笔在蛋糕表面画上图案底稿；用白色中性蛋白霜挤出花瓣轮廓线条，用毛笔将花瓣轮廓线条刷出毛边，用墨绿色中性蛋白霜在玫瑰花的根部挤上树叶线条。

2. 用白色中性蛋白霜挤出玫瑰花的轮廓线条，用毛笔刷出花瓣的笔触，稍微晾干后用粉色色素画出花瓣的根部，用水刷出颜色的渐变色。

3. 用墨绿色和翠绿色中性蛋白霜挤出树叶轮廓线条，用毛笔刷上蛋白霜笔触。

4. 用白色翻糖擀成薄皮后包出陶瓷盘，定型晾干后取出，用刀将盘子边缘打薄后，用毛笔在盘子中画出图案底稿，用绿色、黄色、咖啡色、紫色、橙色色素刷上颜色，用勾线笔在色块表面画出线条叶茎。

5. 用白色翻糖搓成线条后压在相应的软胶模中，裁去多余的边角，取出后在反面挤上蛋白霜，分别粘贴在蛋糕底板边缘。

6. 将白色翻糖擀成薄皮后用玫瑰花压模压出糖皮，整形后依次包在花芯边缘，用喷枪喷上淡黄色色素；将绿色翻糖擀成薄皮后用相应的花模压出花瓣糖皮，在反面刷上胶水后粘接在花瓣根部作为花萼，刷上颜色后搓成圆球，粘接在花萼下，将做好的树叶花枝用胶带捆扎为花束。

7. 将组装好的花束扎进蛋糕面上，将彩绘好的英式茶具用硬质蛋白霜粘接在顶层蛋糕面一侧位置。

制作过程

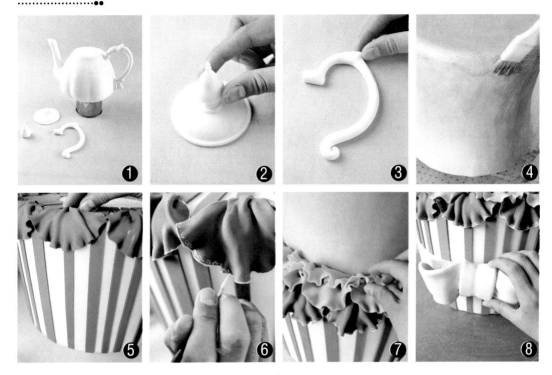

1. 将蛋糕削成茶壶形，在表面刷上果胶或是奶油霜，用白色翻糖擀成薄皮后包在蛋糕面上，整形后晾干.

2. 用白色翻糖搓成水滴形粘接在壶盖中心位置，用白色翻糖搓出不同大小的圆球，依次粘贴在壶盖上。

3. 用白色翻糖搓成长条，用手捏出壶把的造型，整形后晾干。

4. 在蛋糕表面刷上果胶或是奶油霜，用黄色翻糖擀成薄皮后包在蛋糕面，用压平器整形后压平，用刀裁去多余的边角，用喷枪在蛋糕表面喷上金色或是用金粉刷在蛋糕表面。

5. 在蛋糕表面刷上果胶或是奶油霜，用白色翻糖擀成薄皮后包在蛋糕面上，用压平器整形后压平，用刀裁去多余的边角；用绿色翻糖擀成薄皮后裁出长条，在反面刷上胶水后分别粘贴在蛋糕侧面；将绿色翻糖擀成薄皮后用圈模压出圆糖皮，依次摆放在海绵垫上，用球形棒滚压出皱纹花边，在反面刷上胶水后粘贴在蛋糕侧面。

6. 用白色色素在糖皮边缘画出线条。

7. 用浅绿色翻糖擀成薄皮，用相应的圈模压出适当的糖皮，依次摆放在海绵垫上后用球形棒在糖皮表面滚压出皱纹，在反面刷上胶水后分别粘贴在蛋糕侧面；取果绿色翻糖擀成薄皮后用圈模压出圆糖皮，摆放在海绵垫上后用球形棒在糖皮边缘滚压出皱纹，在反面刷上胶水后分别粘贴在蛋糕侧面，糖皮大小和颜色要有层次渐变。

8. 将粉色翻糖擀成薄皮后用刀裁出长条，在反面刷上胶水后粘贴在蛋糕侧面，用手折叠出蝴蝶结，晾干后在反面挤上硬质蛋白霜，粘贴在蛋糕侧面。

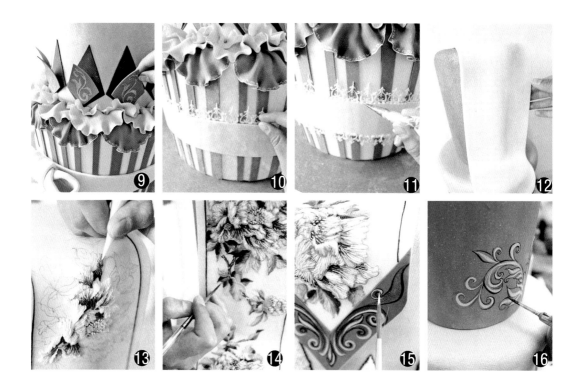

9. 将深蓝色翻糖擀成薄皮后用刀裁出相应的糖片，定型晾干后粘接在蛋糕侧面，用毛笔在表面彩绘出欧式线条。

10. 在玻璃纸表面挤上蛋白霜线条，晾干后取出粘接在粉色彩带上下线条边缘。

11. 用白色中性蛋白霜在接口处挤上水滴花边。

12. 将白色翻糖擀成薄皮后用刀裁出长条糖皮，在反面刷上胶水后粘贴在蛋糕面中间位置。

13. 用毛笔在晾干后的糖皮上画出底稿线条，

用白色到深蓝色蛋白霜的渐变细裱出花瓣色块。

14. 用淡绿到深绿色蛋白霜渐变细裱出树叶的色块，用勾线笔在树叶表面画出叶茎线条。

15. 用毛笔在锦带一角处彩绘出欧式线条，用白色色素在线条边缘处彩绘出高光线条。

16 用毛笔在蛋糕侧面彩绘出欧式线条，用深色色素在线条边缘处彩绘出暗色线条。

17. 用白色中性蛋白霜在糖皮中间挤上直线线条。

18. 在玻璃纸表面挤上蛋白霜线条，晾干后取出，粘接在锦带边缘两侧。

19. 在晾干的茶壶表面彩绘出花卉图案。

20. 用银色色素在茶具边缘画出银边线条。

21. 在烘烤好的饼干表面细裱出内衣的轮廓线条，用淡粉色软质蛋白霜挤在相应的轮廓线条中，用棕色中性蛋白霜在表面挤上线条和圆点装饰。

22. 在饼干表面挤上相应的线条轮廓，将白色、蓝色、深蓝色软质蛋白霜挤在相应的轮廓线条中，表面的气孔用牙签扎破消泡。

23. 在表面翻糖晾干后用白色中性蛋白霜在表面挤上线条装饰。

24. 在心形饼干表面挤上线条轮廓，用白色软质蛋白霜挤在轮廓线条内，晾干后用深蓝色中性蛋白挤在饼干表面。

25. 将彩绘好的茶壶底挤上蛋白霜底座后粘接在蛋糕面上。

26. 将饼干分别粘接在蛋糕底板表面。

钟意

Zhongyi

难易度
Nan Yi Du
★★★★★

制作过程

1. 在蛋糕表面刷上果胶或是奶油霜，用淡红色翻糖擀成薄皮后包在蛋糕表面，用压平器整形压平，用刀裁去多余的边角；用红色翻糖擀成薄皮，用相应的蕾丝压模压出花纹糖皮，用刀裁出细长条后在反面刷上胶水，分别粘贴在蛋糕侧面。

2. 将淡红色翻糖擀成薄皮后用刀裁出长条，在反面刷上胶水后粘贴在蛋糕侧面接口位置，用捏塑刀在蛋糕表面切压出网格线条。

3. 将红色翻糖擀成薄皮后，用相应的压模压出糖皮，在反面刷上胶水后粘贴在蛋糕侧面；将白色翻糖擀成薄皮后用相应的压模压出糖皮，在反面刷上胶水后粘贴在红色糖皮中间。

4. 将蕾丝膏涂抹在蕾丝模中，刮平后修去多余的毛边，晾干后取出，粘贴在蛋糕侧面；将红色翻糖搓成长条后压在软胶模中，裁去多余的边角，取出后粘贴在蛋糕侧面。

5. 用白色翻糖搓成圆球压在相应的软胶模中，裁去多余的边角后取出，用黄色色粉刷在花芯中间位置，用粉色色粉刷在花瓣表面，用蛋白霜在反面挤上底座后粘贴在蛋糕侧面。

6. 用白色翻糖搓成圆球压在软胶模中，裁去多余的边角，取出后在反面挤上蛋白霜底座，粘贴在白色糖皮中间。

7. 用白色翻糖搓成小长水滴形后，在花枝一端
处刷上胶水，扎进水滴形根部中间位置，晾
干；用绿色翻糖搓成小圆球，扎进花苞根
部，用红色色粉刷在花苞顶部。

8. 在黄色翻糖擀成薄皮后用相应的树叶压模
压出糖皮，用捏塑刀在糖皮表面切压出叶
茎线条，将花枝一端刷上胶水后扎进树叶

根部捏紧，将翻糖树叶放在定型板上定型
晾干，取出后用喷枪在树叶表面喷上绿色
渐变色。

9. 将花苞和树叶捆扎成花束。

10. 将做好的花束扎进蛋糕面中间位置，注
意整体蛋糕面的平衡。

王森国际咖啡西点西餐学院

中国高端西点西餐咖啡技能培训领导品牌

课程优势

实操 **99%** + 理论 **1%**

创业班

一年制专业培训

适合高中生、大学生、白领一族、私坊，想创业、想进修，100%包就业，毕业即可达到高级技工水平。

一年蛋糕甜点班	一年烘焙西点班	一年西式料理班	一年咖啡甜点班	一年金牌店长班	双休日蛋糕西点班
裱花、咖啡、甜点、翻糖、烘焙西点	烘焙、咖啡、甜点、翻糖	西餐、咖啡、甜点、铁板烧	咖啡、甜点、烘焙、西餐、翻糖	咖啡、华夫饼、沙冰、面包、吐司、意面、茶	裱花、甜品、蛋糕、翻糖、西餐、咖啡、奶茶、月饼等

课程优势

实操 **99%** + 理论 **1%**

学历班

三年制专业培训

适合初中生、高中生，毕业可获得大专学历和高级技工证、100%高薪就业。

三年酒店西餐班	三年蛋糕甜点班
翻糖系列、咖啡系列、素描、西餐、捏塑、巧克力、拉糖、甜点、烘焙	花边课、花卉课、陶艺课、卡通课、仿真课、巧克力

课程优势

实操 **99%** + 理论 **1%**

留学班

1+2 日韩留学

适合高中以上任何人群、烘焙爱好者、烘焙世家接班人等，日韩留学生毕业可在日本韩国就业，拿大专学历证书。

日本果子留学班	韩国烘焙留学班
国内半年、日本学校半年、制果学校两年	国内四个月、国外两年半

外教班

世界名厨短期课程

韩式裱花
法式甜点
日式甜点
英式翻糖
美式拉糖
天然酵母面包

王森教育平台官网：www.wangsen.cn　珠海网站：gd.wangsen.cn　QQ：281578010　电话：0512-66053547

地址：苏州市吴中区蠡昂路145-5号　　广东省珠海市香洲区屏镇东桥大街100号　　免费热线：4000-611-018